世界经典坦克
大揭秘

【英】迈克尔 · E. 哈斯丘（Michael E.Haskew） 编著

田洪刚 郑毅 耿青霞 井致远 译

自 1916 年诞生以来，坦克使地面战的形式发生了革命性的改变。那一年，英国马克 I 型坦克在索姆河战场上横冲直撞，试图打破堑壕战的僵局。从那时起，装甲战的支持者们研究出了日趋复杂的战术和技术，使坦克在现代武器装备中总能居于重要地位。

《世界经典坦克大揭秘》介绍了从第一次世界大战至今，世界上最知名的 52 型装甲战斗车辆。从 1917 年的马克 V “雄性”坦克开始，本书涵盖了第一次世界大战、第二次世界大战、冷战，一直到在巴尔干、高加索和中东的战争中出现过的坦克。

《世界经典坦克大揭秘》介绍了每一型坦克的发展历史、装备情况、主要特点和技术规格，还配有超过 200 幅插图和照片，为军事历史学家和军事爱好者提供了一本形象生动的坦克指南。

The World's Greatest Tanks / by Michael E.Haskew / ISBN: 978-1-78274-108-4

图书在版编目（CIP）数据

世界经典坦克大揭秘 /（英）迈克尔 · E. 哈斯丘（Michael E. Haskew）编著；田洪刚等译 .
—北京：机械工业出版社，2020.4（2024.8 重印）
书名原文：The world’s greatest Tanks
ISBN 978-7-111-64991-5

Ⅰ. ①世…　Ⅱ. ①迈… ②田…　Ⅲ. ①坦克—介绍—世界　Ⅳ. ① E923.1

中国版本图书馆 CIP 数据核字（2020）第 038495 号

机械工业出版社（北京市百万庄大街 22 号　邮政编码 100037）
策划编辑：李　军　孟　阳　责任编辑：李　军　孟　阳
责任校对：王　延　　　　　责任印制：常天培
北京宝隆世纪印刷有限公司印刷
2024 年 8 月第 1 版第 4 次印刷
184mm × 260mm · 13.5 印张 · 2 插页 · 327 千字
标准书号：ISBN 978-7-111-64991-5
定价：99.90 元

电话服务	网络服务
客服电话：010-88361066	机　工　官　网：www.cmpbook.com
010-88379833	机　工　官　博：weibo.com/cmp1952
010-68326294	金　　书　　网：www.golden-book.com
封底无防伪标均为盗版	机工教育服务网：www.cmpedu.com

目录 CONTENTS

引言

兼具了火力和机动性，坦克真正具备主宰战场的潜力，这种潜力在近一个世纪的战争中一直持续着。随着坦克技术的不断发展，这种能力只会继续增强。

虽然坦克的起源可追溯到列奥纳多·达·芬奇，甚至古希腊方阵时期，但是今天的坦克是一种完全现代的武器，坦克上所采用的精密技术使其一直处在陆战理论的最前沿。欣赏它的作战能力，害怕它的致命威力，坦克抓住了世界各地军事决策者的共同心理。

从一开始，装甲战的理念就推动着创新，推动着那些设想让一些笨重的庞然大物像喷火龙一样“隆隆”跨过战壕的人们。第一次世界大战只是为这种尚未完全实现的破坏力提供了一个小试牛刀的机会。尽管第一次世界大战时期的坦克原始，却为后来的地面装甲战打下了基础。

在两次世界大战之间，英国军官、军事战略家 J.F.C. 富勒倡导发展坦克，其他一些人加入这一不可阻挡的潮流，慢慢获得了大国军事机构的认同。到了第二次世界大战时期，机械化时代来临，海因茨·古德里安、隆美尔、巴顿和格奥尔基·朱可夫等一大批传奇军事家看到了坦克作为“钢铁骑兵”快速突入敌人薄弱之处的潜力。

“布雷德利”M2/M3 步兵战车历经多年才研制成功，却因高昂的成本和有限的装甲防护而受到诟病。然而，在“沙漠风暴”行动和“自由伊拉克”行动期间，它作为一种步兵战车在同伊拉克坦克的战斗中证明了自己的价值。

坦克的发展

第二次世界大战本身就是坦克的全球试验场，全面展示坦克在火力、机动性和装甲防护等方面的进步。无论同盟国还是轴心国，都将性能最好、威力最强大的坦克投入到战场，由此引发了那些史诗般的战役。库尔斯克战役、阿拉库尔战役、阿拉曼战役和突出部战役等，不断地在历史学家中和那些还活着的老兵，那些还记得虎式、豹式、T-34 和“谢尔曼”坦克的时代的老兵中产生共鸣。

冷战初期，坦克同时成为自由与压迫的象征。苏联将大批经过实战检验的坦克出口到《华沙条约》各成员国和其他友好国家，而以美国为首的西方国家则在寻求一种装甲车辆以抵抗来自东方如雪崩般涌入的装甲力量。在 20 世纪，坦克成为地面战的代名词。无法想象一场成功的地面战，会没有坦克和乘坐在装甲输送车内的机械化步兵的参与，坦克已从朝阳变成了骄阳。

早在 1918 年，德国陆军元帅保罗·冯·兴登堡就指出：“坦克现在已经发展到技术如此完美的程度，以至于能跨越我们的壕沟和障碍，这对我们的军队产生了显著的影响。”

致命的技能

1991 年，M1A1“艾布拉姆斯”、“挑战者”和其他一些现代化战车组成的联军彻底击败了稍逊一筹的伊拉克 T-54/55 系列、T-62 和 T-72 主战坦克，将萨达姆赶出了科威特。后来，又在 2003 年彻底推翻了萨达姆的政权，这一切显示了坦克具有决定地面战斗胜负的潜力，迅速成为焦点。人们为坦克技术的进步而投入的时间和金钱，甚至生命，突然间都暴露在聚光灯下。

主战坦克通常重量超过 50 吨，配备了口径达 120 毫米以上的令人畏惧的火炮，首先是在冷战高峰期双方相互确保摧毁的时代，然后经历了第三世界代理人战争的时代，最终进入文明国家反对暴君残暴统治的时代，坦克已经成为地面战的焦点。

20 世纪 30 年代，在“纳粹”政权统治下，德国快速重整军备，德国士兵将二号坦克装上运输车等待输送。坦克为“闪电战”的实施提供了装甲平台，使德国在第二次世界大战初期便占领了大半个欧洲。

坦克的火控系统、武器系统、热成像系统和复合装甲等子系统仍在不断发展。今天的坦克能同时跟踪多个目标，抵御最新式反坦克武器和敌方装甲车辆发射的弹药，并将坦克乘员从混乱的现代战场中安全带回家。

从坦克之间的交战到城市作战，再到平定叛乱的战斗，坦克都能适应。在近距离交战和面对简易爆炸装置（IED）等低技术武器时，或在空旷的沙漠、平原对抗拥有先进军事装备的敌人时，坦克将持续“进化”，并影响地面指挥官的战术决策。

第一章　两次世界大战期间的坦克

在两次世界大战之间近四分之一个世纪的时间里，坦克逐渐走向成熟。它将火力、机动性和防护性集于一身，引发了现代战争的一场革命。在此过程中，坦克的火力变得更强、装甲变得更厚，机动性也变得更高，在战斗中能承担多种角色。简而言之，在地面战场上，坦克改变了 20 世纪战场的“游戏规则”，影响了历史进程。

马克V“雄性”坦克（1917）

英国马克V“雄性”坦克于1917年底开始投入生产，它超越以往各种型号的坦克，其中包括在1916年索姆河战役中开创历史的马克I坦克。马克V“雄性”坦克的服役时间横跨两次世界大战。

到第一次世界大战结束时，以最初的英国马克I坦克为基础改装了至少9种变型车，并部署到西线战场。其中，马克V“雄性”坦克原本计划作为一款全新设计的装甲战斗车辆，最终还是保留了早期型号的一些元素。事实证明，相对于之前的马克IV坦克，马克V坦克的进步明显。

马克V“雄性”坦克，在战争后期开始装备部队，在英国、法国、加拿大以及美国军队中服役。它的实战经历相对有限，主要是在1918年夏天的阿梅尔战役（Battle of Le Hamel）期间。

驾驶舱

马克V是世界上第一种只有1名驾驶员的坦克。因为采用了威尔逊行星变速器，所以不需要副驾驶员。1名机枪手在坦克前部驾驶员右侧位置。

同早期的坦克相比，马克Ⅴ“雄性”坦克能更容易地跨过沟渠和战壕。它那4.11米的车宽，能在铁丝网上为步兵开辟一条通路，清除步兵前进中的障碍。

先进的技术

马克Ⅴ“雄性”坦克采用过顶履带，重达29.5吨，续驶里程72千米，作战持续时间10小时。它是战争后期盟军最先进的坦克，在使用操作方面有诸多提升。其中，包括采用了哈里·李嘉图设计的6缸110千瓦汽油发动机，这是世界上第一种专门为坦克设计的发动机。尽管这型发动机必须由4名士兵手动转动曲柄，同时由另一名士兵按住一个磁电机开关才能起动，但它能使坦克的最高行驶速度达到7.4千米/时。在严寒气候条件下，起动发动机特别困难，需要将每个气缸注满汽油，并给火花塞加热。

填沟横木
一根类似于铁轨枕木的填沟横木放置在坦克的后部，通过铁链固定车体上部。横木用于坦克淤陷时自救。
9004
装甲
马克Ⅴ坦克的装甲厚度为6~14毫米，足够抵御轻武器的打击。然而，面对德国的重炮或迫击炮，坦克仍然显得很脆弱。
发动机
马克Ⅴ采用的汽油发动机功率为110千瓦，最高行驶速度大于老式的马克Ⅳ型。它是第一种专用于坦克的发动机。

由于安装了威尔逊行星齿轮变速器，只需要一名驾驶员来驾驶这辆“钢铁怪物”。一根用于填

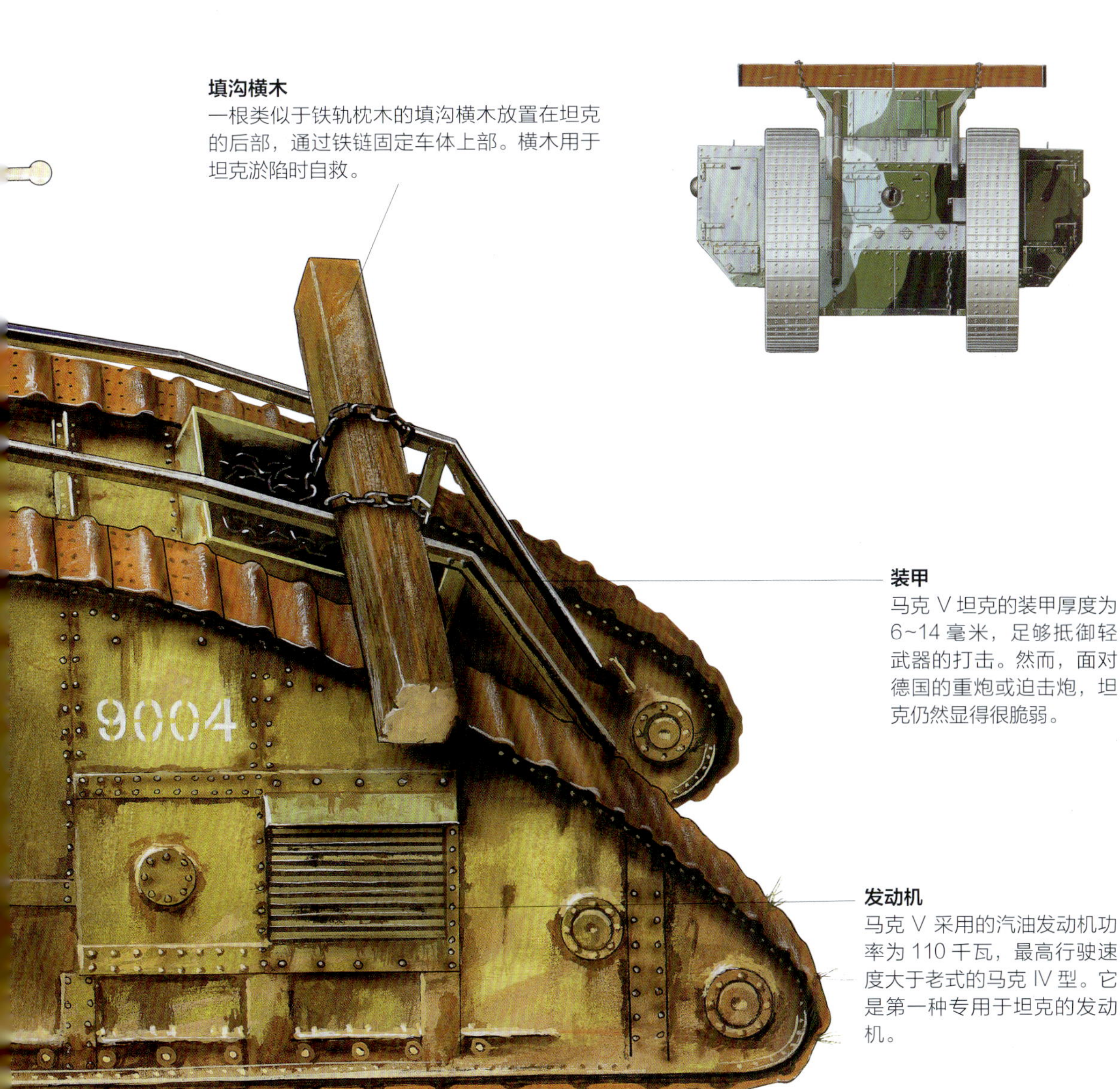

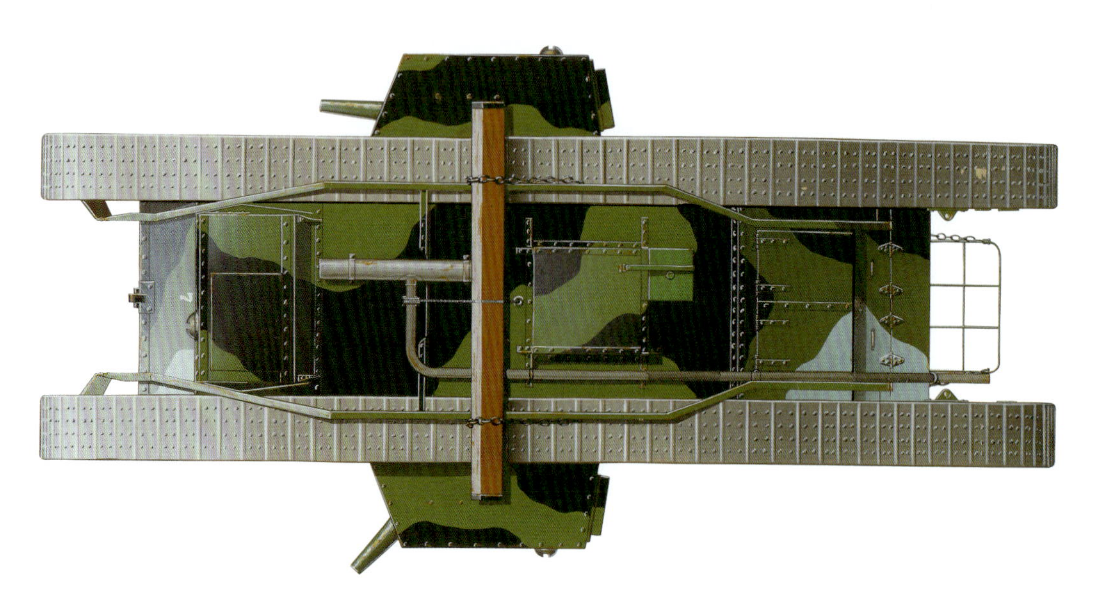

马克V坦克的2门57毫米口径炮安装在凸出炮座上，尽管旋转受限，仍然提供了强大的火力。同时，改进的车体设计使其更易于通过战场上的不平坦地形。而增强的机动性促进了坦克与步兵分队之间的协同。

技术参数：

尺　　寸：	车长：8.5米 车宽：4.11米 车高：2.64米
重　　量：	29.5吨
发 动 机：	1台6缸汽油发动机，输出功率：110千瓦
速　　度：	7.4千米/时
武　　器：	主要武器：2门57毫米口径QF型炮 辅助武器：4挺霍奇开斯7.7毫米口径机枪
装　　甲：	6~14毫米
续驶里程：	72千米
乘 员 数：	8人

充沟壑的横木，作为附件固定在车体上部，这为坦克提供了一种能从深坑、沟渠或厚厚的烂泥中挣脱出来的手段，而以前的坦克遇到这种情况时可能只有放弃了。

马克V“雄性”坦克的火力有了大幅提升，包括2门安装在两侧凸出炮座内的57毫米口径炮和4挺7.7毫米口径霍奇开斯Mk1机枪。马克V“雌性”坦克的重量稍轻一些，配备了4挺7.7毫米口径维克斯机枪。这些武器安装在史金斯封闭式球形座上，射界由60°提高到90°。相对马克IV坦克上的射击缝和早期坦克车体上的射击孔，这种设计为每个机枪手提供了更好的防护。8名乘员，包括车长、驾驶员、2名变速器操作员和4名机枪手。

战争后期，出现了两种重要的马克V坦克变型车，它们服役时间不长。马克V*型增长了车体，能更容易地越过战壕，而马克V**型坦克的长宽比更为合理。在整个生产期内，共生产了400辆马克V型坦克——200辆“雄性”和200辆“雌性”，总共有将近600辆马克V*坦克驶下英国的装配线。马克V**型坦克极为罕见，仅生产了25辆。

阿梅尔战役

1918 年 7 月 4 日，当澳大利亚和美国联军进攻德军战线位于阿梅尔的突出部时，第 5 旅皇家坦克团的 60 辆马克 V 坦克一同参加了进攻，同时还有 4 辆补给坦克提供支援。令人吃惊的是，在 93 分钟内进攻就达到了预期目标。澳大利亚历史学家查尔斯 · 宾将这次战役称为“此后战争期间英国步兵进攻的模板”。

事实上，在与马克 V“雄性”和马克 V“雌性”坦克并肩作战过程中，盟军士兵创造了与坦克协同作战并且迅速扩大突破口的战术。战场上新出现的准则是当步兵小规模部署在坦克周围，而不是聚集在坦克后面寻求保护时，能更有效地推进。

第一次世界大战期间及战后最早的坦克倡导者之一——J.F.C. 富勒将军评论道：“阿梅尔行动以其快速、短时和高效而成就非凡。”

两次世界大战期间

第一次世界大战结束以后，马克 V 坦克继续在英国军队中服役。在 1917—1922 年俄国内战期间，特别是在俄罗斯北部同白俄军队的战役中，红军使用了马克 V 坦克。马克 V 坦克在苏联红军中一直服役到 20 世纪 30 年代。许多迹象表明，它一直服役到 1941 年。据传，在 1945 年柏林防御战中，德国人临时使用了很久以前缴获的一辆马克 V 坦克。

进攻中的马克 V 坦克

盟军取得阿梅尔战役胜利后，一名澳大利亚士兵评论道：尽管马克 V“雄性”坦克的出现并没有消除步兵对战斗以及怀着无尽的责任感完成任务的热情，但坦克肯定提高了士兵和指挥官的勇气。

在阿梅尔战役中，尽管在联合行动的时间安排上还显得有些笨拙，但仅仅是坦克的出现就俘虏了大量德军。当一个营的步兵被来自一挺德国机枪的直射火力压制时，一辆马克 V 坦克滚滚向前，将机枪阵地碾压在履带之下。在阿梅尔村，英军坦克轰击德军，将其赶出建筑物，然后在狭窄的街道上用机枪将他们“清除干净”。

马克 V 坦克证明了它对于胜利起着重要的作用。战斗中，有 5 辆坦克受损，共计 13 名乘员阵亡或受伤。

在西线战场，好奇的英军步兵在战斗间隙观察一辆马克 V“雄性”坦克的外部，花一点时间熟悉这种新型战争机器。另一辆坦克的后部陷在壕沟内，车体倾斜。

A7V 坦克（1918）

1916 年，当英军坦克出现在第一次世界大战的战场后，德国便开始追赶这种能够结束阵地战僵局的武器装备技术。然而，A7V 坦克直到 1918 年才少量装备部队。

1916 年秋，德军步兵军官在索姆河前线遇到了一种前所未有且极具潜力的武器。这种以“坦克”之名问世的英国装甲战斗车辆，一经出现就立即开始改变堑壕战的局势。在传统堑壕战中，堑壕内的步兵朝无人地带的另一方射击，有时也会从堑壕内出击，勇敢地面对机枪火力和爆炸的炮弹。

武器
A7V 坦克的主要武器是 1 门 57 毫米口径 L/12 马克沁 - 诺德费尔特短后座炮。坦克共携带 500 发 57 毫米口径炮弹，储存在乘员舱内。

装甲
A7V 坦克的装甲厚度为 20~30 毫米，保护着 18 名乘员。这很大程度上造成坦克的笨重和迟缓，阻碍了其在西线战场上的机动。

A7V 坦克最初进入战斗，是在 1918 年春天的“迈克尔攻势”期间。它的缺点很快就显现出来了。德国工程师总结了宝贵的经验教训，并影响了未来的设计。

很快，德军高级指挥官就意识到坦克带来的威胁。1916 年 11 月 13 日，英国坦克在索姆河出现仅几个星期后，德国人便开始生产自己的坦克。虽然成立了以约瑟夫 · 沃尔默（一名专业的工程师、德国陆军上尉）为首的设计委员会，并且从 1911 年就开始了坦克的相关研究和开发，但直到 1918 年 3 月 21 日“迈克尔攻势”开始阶段，A7V 坦克才抵达前线。“迈克尔攻势”是德国在第一次世界大战中取得的最后一次具有战略意义的胜利。

装在拖拉机上的铁盒子

德国工程师匆忙地开始试图研制至少能与敌人坦克性能相当的坦克，他们设计出一个 32.5 吨

指挥
车长和 2 名驾驶员位于坦克中部凸起的平台内——一个位于巨大车体顶部且不太安全的位置。
发动机
2 台戴姆勒 - 奔驰直列 4 缸汽油发动机安装在 A7V 坦克的中部。每台发动机在转速为 1800 转 / 分时，输出功率为 74.6 千瓦。
IV

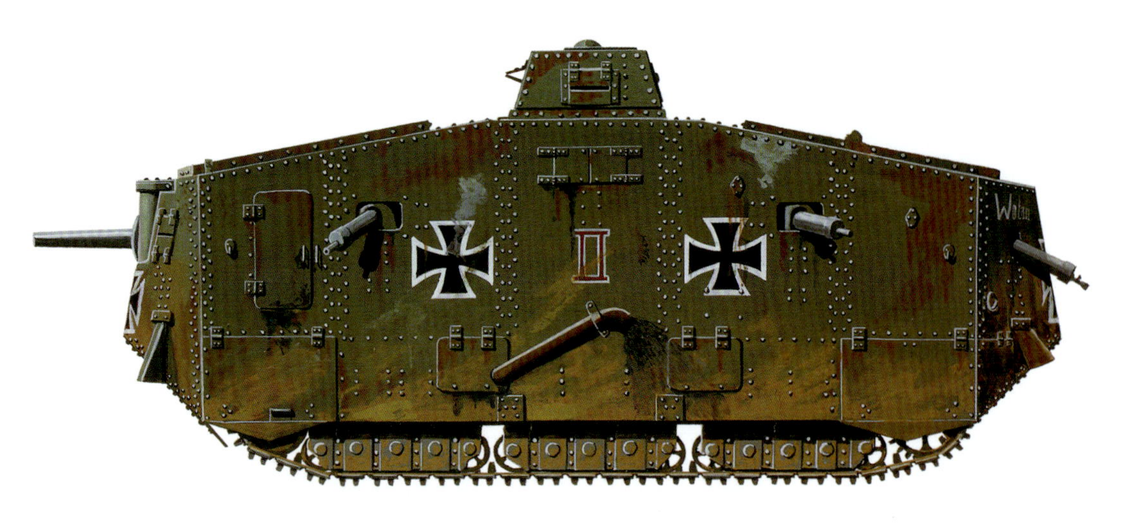

尽管 A7V 坦克配备了多挺机枪和一门重型火炮，这对于敌人的步兵是致命的，但它本身对于精确射击来说并不是一个稳定的平台，而且其高大的轮廓容易吸引敌方的炮火。

的庞然大物，一个安放在拖拉机底盘上的铁盒子。由于 A7V 坦克设计用于在平坦地面上行驶，从一开始它就不适应西线起伏坑洼的地形。车长和 2 名驾驶员位于车身中部一个凸起的隔舱内，这使整车的高度达到 3.5 米。车底距离地面的高度仅有 40 毫米，导致坦克跨越战壕和通过坑洼的地形，甚至过一个小土坡都极为困难。A7V 坦克通过一个方向盘和操纵杆系统来转向，两个离合器踏板与传动齿轮相连。

20~30 毫米厚的装甲为 A7V 坦克的乘员提供了比英军坦克更好的保护，但它笨重缓慢，高高的轮廓使其很容易成为敌方火炮的目标。在有利的条件下，A7V 坦克火力很强，安装了 1 门向前射击但射界有限的 57 毫米口径马克沁 - 诺德费尔特短后座炮，还安装了 6 挺以上德意志武器弹药公司制造的 MG08/15 型 7.92 毫米口径机枪。在拥挤的坦克内部，有 18 名乘员——车长、驾驶员、机枪手、炮长兼装填手和弹药供应手。

作为一种多用途车，德国人在 A7V 坦克的基础上还研制出 4 种变型车：Überlandwagen 是一种没有装甲、顶部敞开的补给车；A7V/U 安装了过顶履带和 2 门 57 毫米口径炮；A7V/U2 安装了较小的履带；A7V/U3 是“雌性”型号，只配备了机枪。只有 Überlandwagen 和 A7V/U 造出

技术参数：

尺　　寸：	车长：8 米 车宽：3.2 米 车高：3.5 米
重　　量：	32.5 吨
发 动 机：	2 台戴姆勒 - 奔驰直列 4 缸汽油发动机；单台发动机在转速为 1800 转 / 分时，输出功率为 74.6 千瓦
速　　度：	8 千米 / 时
武　　器：	主要武器：1 门 57 毫米口径 L/12 马克沁 - 诺德费尔特短后座炮，携带炮弹 500 发。 辅助武器：6 挺 7.92 毫米口径 MG08/15 机枪，最多携带子弹 18000 发
装　　甲：	20~30 毫米
续驶里程：	公路：80 千米 越野：30 千米
乘 员 数：	18 人

了实车——共生产了 75 辆 Überlandwagen，而 A7V/U 仅停留在原型车阶段。

到第一次世界大战结束前，仅有 20 辆 A7V 坦克装备德军部队，微弱的数量加上使用上的缺陷使之无法对抗英国生产的 7700 辆坦克。虽然有好几种改进型在 1918 年底开始研制，但是没有一种能在停战前投入战场。

首次有记录的坦克对坦克的战斗，发生在 1918 年 4 月 24 日德国试图攻占法国乡村维莱－布勒托纳的行动中。当德国步兵和 15 辆 A7V 坦克向比利时城市亚眠推进时，3 辆 A7V 遭遇了由弗兰克·米切尔中尉指挥的 3 辆英国马克 IV 坦克。领头的英军坦克是安装了 57 毫米口径炮的“雄性”坦克，其余 2 辆是配备了机枪的“雌性”坦克。战斗一开始，2 辆“雌性”马克 IV 坦克受损，随即撤出战斗。

米切尔继续前进，同带头的名为“水妖”的德国坦克交火。这辆坦克由威廉·比尔茨少尉（Wilhelm Biltz）指挥，他在战争中幸存下来，后来成为一位著名的化学家和作家。“水妖”被 3 发英军炮弹击中后受伤，向一侧倾斜，5 名德国坦克乘员在从无法动弹的坦克中逃出时被打死。随后，米切尔的马克 IV 坦克被一发落到附近的己方迫击炮弹击伤后遭遗弃。后来，这 2 辆受损坦克都被修复。

战斗中的德国A7V坦克

在第一次世界大战期间，德国最后一次大规模攻势中，烟尘笼罩之中的这辆 A7V 坦克正在接近法国某地一幢废弃的农舍。A7V 坦克的设计和制造工作很匆忙，从 1918 年春到当年 10 月停战，仅有 20 辆投入使用。

1918 年 4 月 24 日，发生在法国小镇维莱－布勒托纳的首次有记载的坦克交锋中，一辆德军 A7V 坦克和一辆英军马克 IV 坦克受损。另外 2 辆 A7V 坦克在炮火中撤退，4 辆较小的英国“赛犬”坦克丧失了作战能力。现存的 1 辆 A7V 坦克，编号为 506，名为“梅菲斯托菲尔”（《浮士德》中恶魔的名字），在澳大利亚布里斯班的昆士兰博物馆展出。据说，“梅菲斯托菲尔”是在维莱－布勒托纳同英国坦克发生遭遇战的几辆 A7V 坦克之一。

BT-5 轻型坦克（1932）

BT–5 坦克是苏联 BT 系列轻型坦克中的一种过渡型号，升级了火炮，于 1932 年末开始生产。直到 20 世纪 30 年代结束，它一直是同时代最先进的坦克之一。

如果仔细观察苏联 BT-5 轻型坦克的外形，就会发现它与第二次世界大战和冷战期间的 T-34 中型坦克极为相似。事实上，BT（Bystrokhodny）坦克是世界上最伟大的坦克之一——T-34 坦克的前身。从其名字的含义“快速坦克”来看，在 1930—1941 年生产期间，BT 系列坦克没有辜负人们的期望。

炮塔

相对于之前的 BT-2A 坦克，BT-5 轻型坦克在炮塔上进行了重大改进。一个更大的圆锥形的炮塔，既便于炮塔转动，又能携带更多的弹药，且具备更好的视野。

主要武器

BT-5 轻型坦克的主要武器从早期 BT-2 坦克的 37 毫米口径炮升级到 45 毫米口径炮。火炮的威力比大部分对手的轻型坦克要强。

克里斯蒂悬架

由于采用了革命性的克里斯蒂悬架，BT-5 轻型坦克具有不可思议的公路和越野速度。克里斯蒂是美国设计师，然而他的设计却被美国军方拒之门外。

沃尔特·克里斯蒂

具有讽刺意味的是，BT 坦克和 T-34 坦克的成功都源自一位名叫沃尔特·克里斯蒂的美国赛车爱好者兼机械师的不懈努力。当美国陆军军械局一次又一次地拒绝生产克里斯蒂的原型设计后，苏联人设法购买到设计图纸，并将至少 2 辆无炮塔的样车以“农用拖拉机”的名义运往苏联。

苏联人在克里斯蒂坦克原型车的基础上积极进行各种改进，并按照从 BT-1 到 BT-4 的顺序来命名这些坦克。1932 年初，BT-2 坦克的生产型驶下位于乌克兰的哈尔科夫共产国际机车厂的装配线，最终生产了 600 多辆。BT-2 坦克配备了 1 门 37 毫米口径 30 型炮，装备了 298 千瓦 M5 型汽油发动机，辅助武器包括 1 挺 7.62 毫米口径 DT 机枪。BT-2 坦克的总重量为 10.2 吨，装甲厚度为 6~13 毫米。

BT-2 坦克是第一种充分展现沃尔特·克里斯蒂的天赋并投入实际使用的坦克，他设计的高明之处在于全新的悬架，包括安装在螺旋弹簧上包覆着橡胶轮缘的负重轮。橡胶轮缘能在越野时起到缓冲作用，使坦克达到较高速度。在条件较好的路面上，采用克里斯蒂悬架的坦克在卸下履带后能作为轮式车辆使用。然而，在幅员辽阔的乡村地区，这种创新是不切实际的，因此苏联人最终放弃了。

倾斜装甲
在 20 世纪 30 年代，苏联开始研制带倾斜装甲的坦克，采用这种设计能使装甲防护能力最大化。BT-5 坦克与后来的 T-34 中型坦克极为相似。

可拆卸的履带
早期的 BT-5 轻型坦克，乘员可以快速拆下履带，在路况较好的公路上作为轮式车辆行驶。

BT-7A 是 BT-5 的一种变型车，安装了 76.2 毫米口径榴弹炮，仅有少量服役。注意炮塔上部的同轴机枪，安装在一个凸出的枪座上。

进入BT-5

1932 年底前，苏联红军计划对 BT-2 坦克进行改进，由此产生了 BT-5 坦克。它安装了一个更大的圆柱形炮塔，配备 1 门威力更强的 45 毫米口径 32 型火炮，7.62 毫米口径 DT 机枪采用与火炮同轴的方式安装，从而能获得更好的射角。安装了无线电设备，以完善通信能力。增大了炮塔的体积，为 3 名乘员提供了更为宽敞的空间，并能携带更多弹药。BT-2 坦克能携带 96 发 37 毫米口径炮弹，与之相比，BT-5 坦克能携带 115 发 45 毫米口径炮弹。BT-5 坦克重 11.5 吨，相对较重，装甲防护水平与 BT-2 坦克相同。

技术参数：

尺　　寸：	车长：5.58 米 车宽：2.23 米 车高：2.25 米
重　　量：	11.5 吨
发 动 机：	1 台 M5 型 12 缸汽油发动机，以美国“自由”航空发动机为基础，输出功率为 298 千瓦
速　　度：	72 千米 / 时
武　　器：	主要武器：1 门 45 毫米口径 32 型炮 辅助武器：1 挺 7.62 毫米口径 DT 机枪
装　　甲：	6-13 毫米
续驶里程：	公路：200 千米 越野：90 千米
乘 员 数：	3 人

12 缸 M5 发动机是在美国“自由”航空发动机的基础上为适应坦克使用改装而成的，它使 BT-5 在公路上能以高达 72 千米 / 时的速度行驶。虽然这已令人印象深刻，但比起 BT-2 坦克高达 100 千米 / 时的公路行驶速度，BT-5 坦克要慢得多。BT-5 坦克的续驶里程为 200 千米，比 BT-2 坦克续驶里程的三分之一还要少。然而，BT-5 坦克更好的整体设计和威力更强的火炮弥补了这些性能上的不足。

20 世纪 30 年代，BT-5 坦克在苏联某地的一条肮脏的道路上行驶。BT-5 和 BT 系列的其他坦克是著名的 T-34 中型坦克的前身，设计上的相似之处显然易见。

BT-5 坦克一直生产到 1934 年，后来被 BT-7 坦克取代。在 BT-5 的基础上生产了好几种变型车，其中包括采用了双炮塔舱门、增大了坦克炮塔后部尺寸的 1933 年型，BT-5 喷火坦克原型车，安装了 76.2 毫米口径炮的 BT-5A 和安装了辅助涉水通气管的 BT-5PKh。据统计，苏联共生产了 1884 辆 BT-5 轻型坦克。

BT-5坦克在诺门罕

在 1939 年 3—9 月的诺门罕战役期间，苏联红军使用了BT-5和BT-7坦克。尽管这些坦克具有极快的速度，但为此在装甲防护上做出的牺牲却导致其十分脆弱。日本人使用反坦克炮摧毁了大量的苏军坦克，还组织坦克猎杀分队匍匐接近苏军坦克，然后将燃烧弹和炸药包投掷到坦克的废气排放装置上，从而摧毁坦克。尽管如此，日本人对 BT 坦克的 45 毫米口径炮十分畏惧，这种炮能穿透当时在役的任何一种日本坦克。此外，格奥尔基 · 朱可夫元帅实施的经典钳形攻势，即使用坦克进行快速侧翼机动，确保了苏联在诺门罕战役中的胜利。

战场检验

BT-5 坦克最著名的作战经历，就是参加了 1939 年苏联与日本在诺门罕（俄国称哈拉欣河）的一系列冲突。苏联元帅朱可夫用高超的战术和性能良好的 BT-5、BT-7 坦克获得了决定性的胜利。

1936—1939 年，西班牙内战期间，BT-5 坦克与共和军一起战斗，并且在与国民军装备的德国和意大利坦克的对抗中表现出色。中国军队在抗日战争期间曾经装备过 4 辆 BT-5 坦克对抗日军。苏联在与芬兰的冬季战争期间，也使用过 BT-5 坦克。

第二次世界大战爆发后，苏联在进攻波兰和抵抗“纳粹”德国入侵期间，都使用过 BT-5 坦克。到战争结束时，仍有部分 BT-5 坦克在役。

95 式轻型坦克（1934）

为满足日本军队对一种能支援步兵行动的轻型坦克的需求，95 式轻型坦克应运而生。95 式轻型坦克在遇到火力和装甲防护占优的苏联、美国和英国坦克之前，一直表现良好。

当 95 式轻型坦克的原型开始生产时，日本关东军在中国已经作战了 3 年。1936 年，经过战场试验和官方认定，日本指挥官终于等到了第一辆 95 式轻型坦克驶下装配线，投入到同中国军队作战和防范来自苏联的威胁中。

95 式轻型坦克最初由三菱重工生产，被命名为哈戈、科戈或“援助”（Kyugo）。后来，日立实业、小仓兵工厂、神户制钢所和相模兵工厂都生产了相当数量的该型坦克。虽然对 95 式轻型坦克的

炮塔
作为 20 世纪 30 年代日本坦克的典型设计，95 式轻型坦克的炮塔呈不规则的形状，内部狭窄。车长在战斗中不仅要指挥坦克乘员，还要操作 37 毫米口径炮。

发动机
95 式轻型坦克配装 1 台 6 缸风冷三菱 NVD 柴油发动机，功率为 89 千瓦，安装在车体后部。

生产时间有一些争论，但可以确定的是，到 1943 年或到第二次世界大战实际结束时，有高达 2300 辆 95 式轻型坦克顺利下线。无论是作为一个移动的装甲掩体以支援步兵行动，还是被深埋起来只露出炮塔和 37 毫米口径炮作为固定碉堡执行防御任务，整个战争期间 95 式坦克一直活跃在战斗中。

持怀疑态度的指挥官们

投入生产后，一些日军的高级步兵指挥官还在质疑 95 式轻型坦克缺乏防护和火力。尽管其装甲厚度仅为 6~14 毫米，主要武器是 1 门 94 式 37 毫米口径炮，但骑兵军官却坚持认为这已经足够了，最终他们的意见被采纳。95 式坦克投入生

95 式轻型坦克的前视图可以看出，一个尺寸较小的炮塔位于车体偏左的部位，驾驶员的观察窗位于车体右部偏下的部位。

主要武器
95 式轻型坦克最初安装了 1 门 94 式 37 毫米口径炮。然而，由于其穿甲能力令人失望，后更换为具有更高初速的 98 式 37 毫米口径炮。

装甲
95 式轻型坦克的装甲仅有 6~14 毫米厚。面对敌方坦克的火炮时，防护能力很弱。这个弱点在诺门罕战役中与苏联作战时就暴露出来，并且在整个第二次世界大战期间都没有得到解决。

悬架装置
95 式轻型坦克采用平衡式悬架，车体每侧有 4 个带橡胶轮缘的负重轮。主动轮在前，诱导轮在后，此外还有 2 个托带轮。

95 式轻型坦克具有高耸的外形轮廓，尤其是从车体后部看去，这导致其在战斗中很脆弱。敌方坦克的重型武器和敌军装备的反坦克火炮都能轻易击毁 95 式轻型坦克。

产不久，火炮便升级为炮口初速较高的 98 式 37 毫米口径炮。

95 式轻型坦克的最高公路速度为 45 千米 / 时，采用铆接结构，安装了一个很小的炮塔。除本身的指挥职责外，车长还要负责火炮的装填、瞄准和射击。炮塔的位置稍微偏左，1 挺 7.7 毫米口径 97 式机枪与火炮一起安装在炮塔内，位于坦克的 5 点钟方位且朝向坦克后部。这样配置是为了让机枪具有更广的射界，尤其是针对敌步兵，但实战中的效果却令人大失所望。

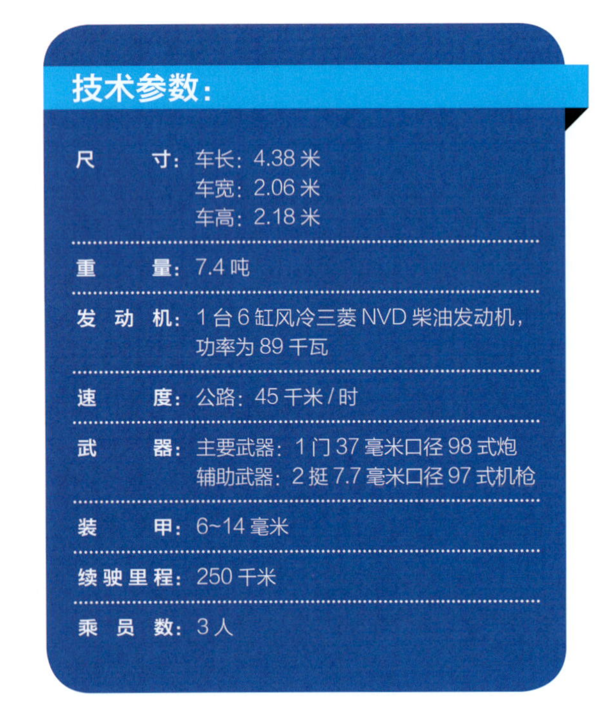

技术参数：

尺　　寸：	车长：4.38 米 车宽：2.06 米 车高：2.18 米
重　　量：	7.4 吨
发 动 机：	1 台 6 缸风冷三菱 NVD 柴油发动机，功率为 89 千瓦
速　　度：	公路：45 千米 / 时
武　　器：	主要武器：1 门 37 毫米口径 98 式炮 辅助武器：2 挺 7.7 毫米口径 97 式机枪
装　　甲：	6~14 毫米
续驶里程：	250 千米
乘 员 数：	3 人

驾驶员位于坦克车体前部靠右的位置，机枪手位于驾驶员左侧，负责操作另一挺 97 式机枪，备弹量为 2970 发。95 式轻型坦克共携带 119 发高爆弹和穿甲弹。

糟糕的越野性能

95 式轻型坦克采用了一台安装在车体后部的 6 缸风冷三菱 NVD6120 型柴油发动机，功率为 89 千瓦。一个手动变速器，有 1 个倒档和 4 个前进档。在中国农村地区越野行驶时，车内的 3 名乘员经常因颠簸而东倒西歪。在坦克的某些部位加装了石棉内衬，以起到行驶过程中的缓冲作用，同时也能起到隔热作用。

少量的变型车

95 式轻型坦克最著名的变型车是特二式内火艇（即水陆两栖坦克），日本海军陆战队将它用在进攻和防御行动中。特二式坦克登上陆地后，需要由坦克乘员拆下浮箱。Ke-Ri——配备了 57 毫米口径炮的试验车型，很快就被放弃了，而配备了 57 毫米口径炮的 97 式坦克实现了量产。Ho-Ru——一种坦克歼击车，只发展到原型车阶段。Ho-To——安装 120 毫米口径榴弹炮的自行突击炮，停留在绘图板上。

令人失望的日子

1939 年，在日本关东军与苏联红军在中国东北地区的冲突中，95 式轻型坦克的战果甚微，苏军的 BT-5 和 BT-7 坦克都配备了威力更大的

日本的坦克乘员在战斗间歇对 95 式轻型坦克进行保养。

45 毫米口径炮，能在日本坦克的射程之外将其摧毁。相比之下，95 式轻型坦克的 37 毫米口径炮需要抵近射击才能穿透苏军坦克的装甲。平心而论，到第二次世界大战爆发时，95 式轻型坦克的性能已经落后。改进后的苏联坦克、美国 M3“斯图亚特”轻型坦克、M4“谢尔曼”中型坦克和英国的“玛蒂尔达”坦克，都能轻松地击败 95 式轻型坦克。

95式轻型坦克在太平洋战场上的冒险

尽管 95 式轻型坦克参与了日本入侵马来半岛和夺取新加坡的行动，但在亚洲和太平洋战场，坦克之间发生交战的情况却很少。而当这种情况发生时，95 式轻型坦克往往是失败的一方。美制 M3“斯图亚特”坦克和 95 式轻型坦克之间的首次碰撞，发生在 1941 年 12 月 22 日的菲律宾。冲突不期而遇，“斯图亚特”坦克的装甲比 95 式轻型坦克更厚，最终美国利用这种优势很快就解决了战斗。

在太平洋的其他地方，7 辆 95 式轻型坦克被深埋在塔拉瓦岛海滩附近的壕沟内，以防御美国海军陆战队的登陆行动。1943 年 11 月，在一场短暂的战斗中，一辆美制 M4“谢尔曼”坦克对阵一辆 95 式轻型坦克。日本坦克的一发 37 毫米口径炮弹击中了“谢尔曼”坦克，但并没有穿透其装甲。“谢尔曼”坦克用 75 毫米口径炮将日本坦克摧毁。在塞班岛、提尼安岛、关岛和佩里硫岛以及冲绳岛，95 式坦克沦为美制“斯图亚特”和“谢尔曼”坦克、37 毫米口径反坦克炮和巴祖卡火箭筒的牺牲品。

T-35 重型坦克（1935）

苏联 T-35 重型坦克是世界上唯一一型正式列装部队的五炮塔坦克。该坦克存在很多操作问题，大部分服役活动是参加莫斯科的阅兵仪式。

T-35 重型坦克是苏联 OKMO 设计局在两次世界大战之间设计的最为失败的作品。它深受早期三炮塔 T-28 中型坦克的影响，而 T-28 坦克又受到一直处于原型阶段的维克斯独立多炮塔坦克的影响。T-35 重型坦克是世界上唯一一型正式列装部队的五炮塔坦克。

主炮塔
T-35 重型坦克的主炮塔与 T-28 中型坦克的完全相同，也配装 76.2 毫米口径炮。后来，量产型的主炮塔的装甲厚度增加到 25 毫米。

武器
T-35 重型坦克的主要武器是 1 门 76.2 毫米口径炮，安装在五个炮塔中最大的一个内。两个较小的炮塔内，安装了 45 毫米口径炮和 7.62 毫米口径机枪。两个最小的炮塔内各安装了 1 挺 7.62 毫米口径机枪。

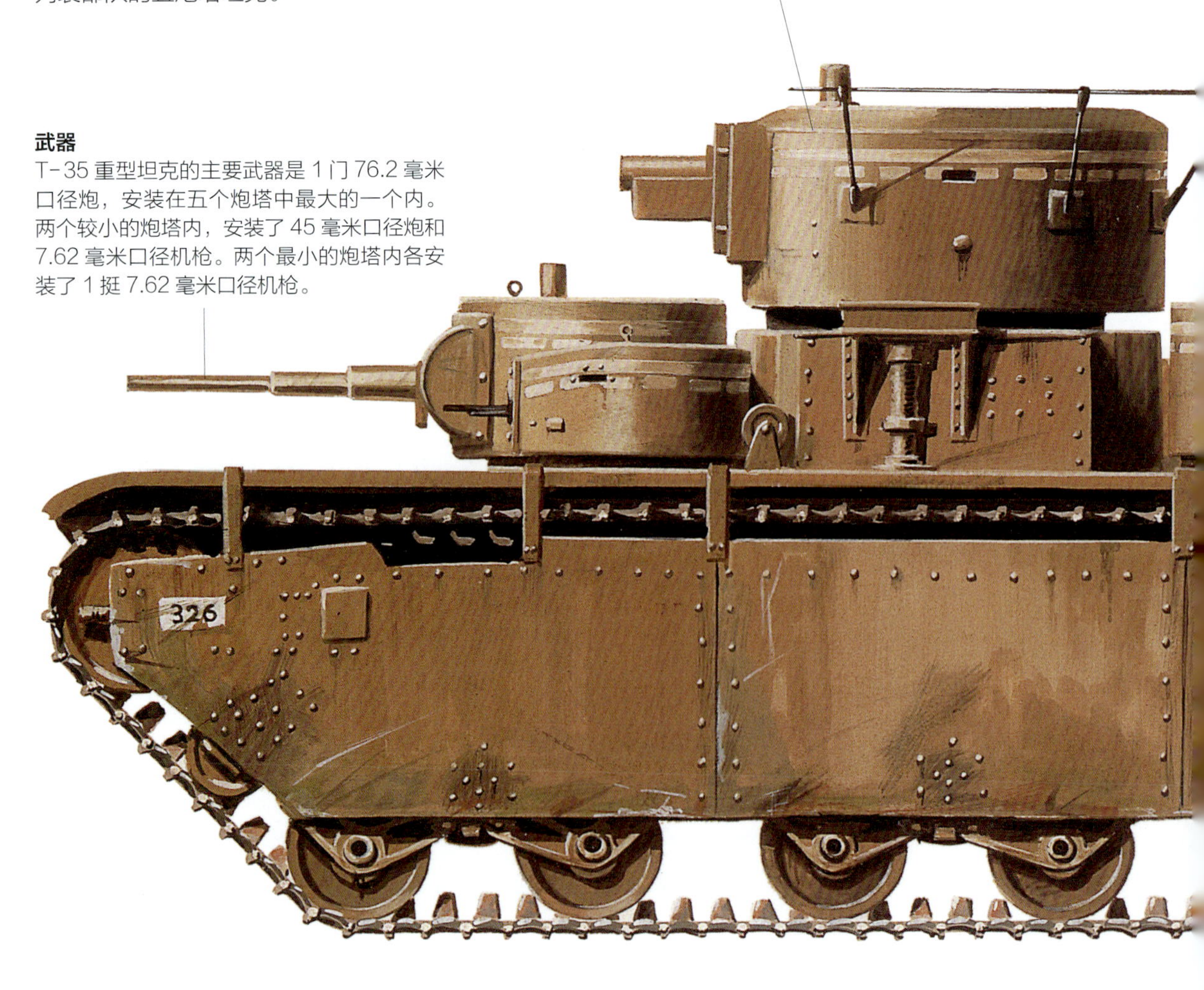

T-35重型坦克的设计可以追溯到1930年，两年后首辆原型车问世。一些德国设计师也参与到概念设计中。61辆T-35坦克中的大部分于1933—1938年，驶下装配线。比起之前型号，它的车体更长，再加上45吨的车重，使其转向操作变得更加困难。

武器体系

T-35重型坦克配备了与T-28坦克相同的火炮和炮塔，最初是1门76.2毫米口径KT obr.1927/32型炮，后来升级为KT-28型炮。辅助武器安装在两个呈对角线布置的炮塔内，一个位于车体底盘的左后方，另一个位于右前方。早

装甲
从T-35重型坦克的俯视图可以看出五个炮塔拥挤的布置方式。尽管T-35具有强大的外表，事实上它的火力很弱。

装甲
T-35重型坦克的装甲厚度通常为11~30毫米，不同时期生产的坦克的装甲厚度会有一定差异。典型情况下车体前部的装甲最厚，此外它还安装了厚度为10毫米的裙板以保护履带、负重轮和螺旋弹簧悬架。

发动机
T-35重型坦克由1台12缸米库林M-17M汽油发动机驱动，功率为370千瓦。批评者指出，相对45吨的巨大车重而言，这型发动机的功率明显不足。

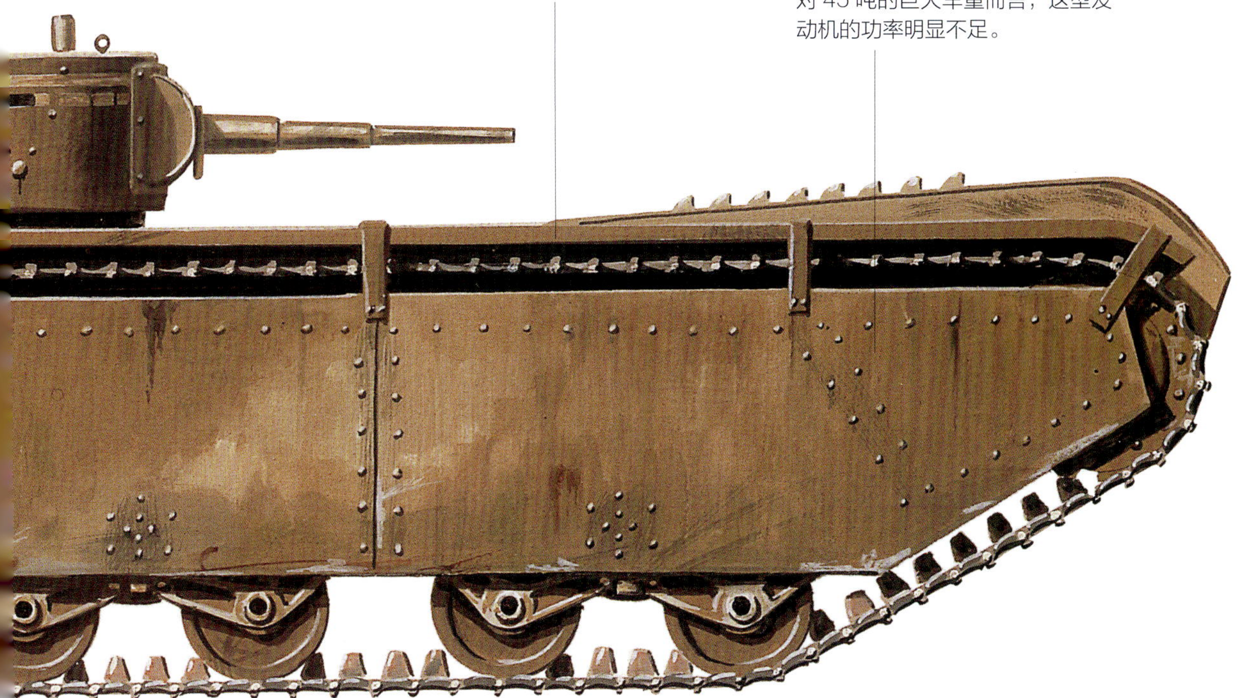

T-35 重型坦克向前射击的 76.2 毫米口径炮相对敌方坦克来说火力不足。

期原型车上安装的是 37 毫米口径炮，在后来的变型车上改为 45 毫米口径炮，还配备了 7.62 毫米口径同轴机枪。有一对小炮塔，在每个炮塔内安装了 1 挺 7.62 毫米口径机枪。

技术参数：

尺　寸：	车长：9.72 米 车宽：3.2 米 车高：3.43 米
重　量：	45 吨
发动机：	1 台 12 缸米库林 M-17M 汽油发动机，功率为 370 千瓦
速　度：	30 千米 / 时
武　器：	主要武器：1 门 76.2 毫米口径 KT-28 炮 辅助武器：2 门 45 毫米口径 20K 炮、5 或 6 挺 7.62 毫米口径 DT 机枪
装　甲：	11~30 毫米
续驶里程：	150 千米
乘员数：	11 或 12 人

狭窄的乘员舱室

虽然 T-35 重型坦克外形巨大，但内部空间却相当局促。尽管至少有一两名乘员实际并不在车内，但还是有 11 或 12 名乘员被塞进狭小的空间里，这限制了作战效能的发挥。坦克车长位于主炮塔内火炮的右侧，助理车长在前部 2 号炮塔内负责操作 45 毫米口径炮。初级坦克技师负责驾驶车辆，位于车体前部的驾驶舱内。另一位乘员，应该称为驾驶员，在前部的 3 号炮塔内负责操作 7.62 毫米口径机枪，并协助初级坦克技师驾驶坦克。

主炮塔指挥官位于 76.2 毫米口径炮的左侧，并负责火炮射击；2 号炮塔的指挥官位于 45 毫米口径炮的右侧负责火炮装填；车体后部的 4 号炮塔指挥官负责操作另一门 45 毫米口径炮的射击，位于火炮左侧；初级坦克驾驶员位于 4 号炮塔内，负责火炮装填；5 号炮塔的指挥官负责操作朝向后方的 7.62 毫米口径机枪；一位无线电台操作手位于主炮塔内，同时协助装填 76.2 毫米口径炮弹。在坦克外部，一名高级驾驶员负责传动和行走装置。有时还有一名发动机技工负责维护发动机。

装甲防护和生产

T-35 重型坦克的装甲厚度为 11~30 毫米。车体前部的装甲厚度在 1936 年增大到 50 毫米，这为车体前部的乘员提供了更好的保护。坦克车体采用焊接和铆接工艺。1938 年采用了锥形炮塔，炮塔的正面装甲厚度为 25 毫米。在一些批次坦克的车体两侧安装了 10 毫米厚的裙板，以增加对反坦克武器的防护能力。

T-35 重型坦克于 1933 年 8 月 11 日定型量产，在 5 年的生产时间内进行过微小的改进。相比其他苏联坦克装甲车辆巨大的产量，T-35 重

庞大的苏联 T-35 重型坦克重达 45 吨，导致转向困难。它的五个炮塔加上长长的底盘，为敌方火炮提供了绝佳的靶子。

型坦克的生产缓慢且成本高昂，最终仅生产了 61 辆。变型车包括采用了不同发动机的 T-35B 和 SU-7（配备了多型火炮的原型车），至少配装了 1 门 254 毫米口径炮。

有限装备

事实并非如一些报道所说，T-35 重型坦克没有在 1939—1940 年的苏芬冬季战争中亮相。事实上，T-35 重型坦克最初只装备了驻扎在莫斯科附近的第 5 独立重型坦克旅，主要任务是参加红场阅兵，向包括外国观察员在内的观众展示苏联坦克的实力。

虽然有照片表明至少有一辆 T-35 重型坦克在 1941 年“巴巴罗萨”行动期间被德军缴获，但关于 T-35 重型坦克的实战记录却十分罕见。在同德军的战斗中，T-35 重型坦克受困于较弱的火力和较差的机动性，许多坦克明显是因机械故障而被抛弃。

可怜的服役记录

T-35 重型坦克无法阻止德国坦克于 1941 年 6 月 22 日跨过苏联国境线。也许在伟大的卫国战争爆发之前，苏联军方就已经意识到这一点。1939—1940 年，同芬兰的冬季战争中，没有使用 T-35 重型坦克的记录。在第二次世界大战中，关于 T-35 参战的证据非常稀少。

T-35 重型坦克的服役记录表明，所有坦克最初都装备到莫斯科附近的第 5 独立重型坦克旅。1935—1940 年，这支部队的主要任务就是参加阅兵仪式。一些历史学家认为在 1940 年夏，一些 T-35 重型坦克重新列装了第 34 坦克师下属的第 67 和第 68 坦克团。

二号坦克 F 型（1936）

尽管研制二号坦克 F 型的初衷，是填补重型坦克尚在研制中产生的空档，但它最终在波兰和法国战役期间成为德国装甲部队的中坚力量。

二号坦克 Panzerkampfwagen II 的研制可以追溯到 1934 年。当时，受到《凡尔赛条约》限制的德国装甲部队开启了现代化进程。在“工业拖拉机 100”的名头掩护下，德国政府与 MAN 公司（Maschinenfabrik Augsburg-N ü rnberg，奥格斯堡 - 纽伦堡机械工厂股份公司）签订了二号坦克的生产合同。

二号坦克原本是为训练而研制的，后来却

主要武器

二号坦克的主要武器是 1 门轻型 20 毫米口径机关炮，而安装更大口径火炮的试验最终被放弃。随着第二次世界大战的进行，二号坦克更多地承担起侦察任务。

成为德国装甲师中装备数量最多的一型坦克。在1940年5月10日—6月22日德国入侵法国期间，超过1000辆二号坦克投入使用。甚至当三号坦克和四号坦克问世以后，且性能已经明显落后的情况下，二号坦克依然在第二次世界大战初期德国对波兰的入侵和东线的“巴巴罗萨”行动中扮演了重要角色。

装甲与防护

二号坦克的第一种量产型出现于1935年，安装了1门20毫米口径的KwK30型炮，这型炮也安装在“纳粹”德国空军的飞机上用于对地攻击。辅助武器是1挺7.92毫米口径MG34机枪，与火炮同轴安装在炮塔内。二号坦克共携带180

从二号坦克的正视图，可以看出双人炮塔偏置

装甲防护
早期型二号坦克的装甲厚度为11~30毫米。后期型加强了装甲。

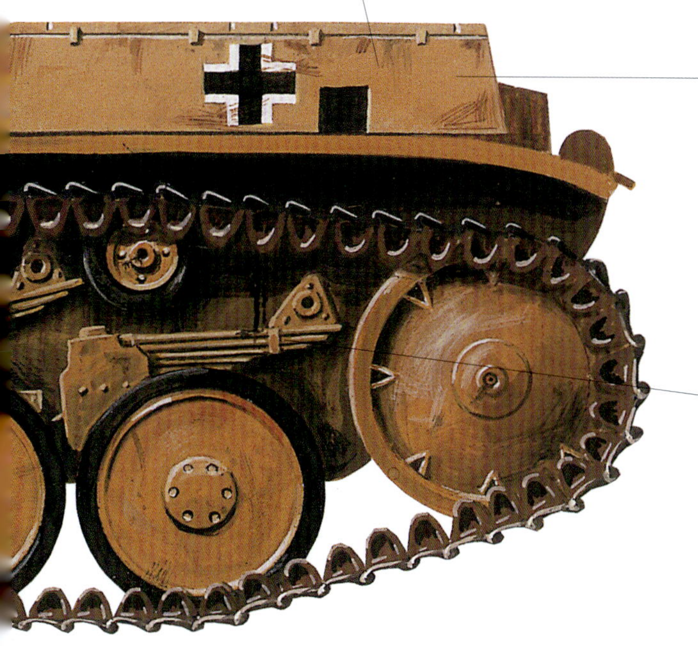

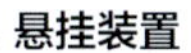

发动机
二号坦克最初采用1台97千瓦汽油发动机。后换装1台功率为104千瓦的迈巴赫6缸汽油发动机。

悬挂装置
二号坦克D和E型采用扭杆悬架，F型采用板簧悬架。

从二号坦克的后视图可看出，其离地间隙较大，有利于提高越野通过性

发 20 毫米口径炮弹和 1425 发机枪弹。

由于当时比二号坦克更重的坦克正在研制中，使增强二号坦克的火力显得没有必要，因此安装

技术参数：

尺　　寸：	车长：4.64 米 车宽：2.3 米 车高：2.02 米
重　　量：	9.5 吨
发 动 机：	1 台迈巴赫 6 缸汽油发动机，输出功率为 104 千瓦
速　　度：	55 千米 / 时
武　　器：	主要武器：1 门 20 毫米口径 KWK 炮 辅助武器：1 挺 7.92 毫米口径 MG34 机枪
装　　甲：	前部：35 毫米 两侧：20 毫米 后部：14.5 毫米 底部：5 毫米
续驶里程：	200 千米
乘 员 数：	3 人

37 毫米口径和 50 毫米口径炮的试验后来被放弃了。早期的测试和在西班牙内战期间的实战经验表明，二号坦克需要更厚的装甲和更大功率的发动机来达到最佳性能。

早期，二号坦克的车体前、后部和两侧的钢质装甲板厚度为 14 毫米，车体的顶部和底部的装甲厚度为 10 毫米。二号坦克 B 型的车体前部装甲略有加强，总重增加到 8 吨，并且改用功率为 104 千瓦的迈巴赫 6 缸汽油发动机。

后续的改进型上安装了更厚的装甲，还改进了悬架以提高越野性能。D 型和 E 型二号坦克于 1938 年同时开始装备部队，公路速度可达 55 千米 / 时。F 型二号坦克于 1940 年在战场上首次亮相，正面装甲厚度增加到 35 毫米，侧面装甲厚度增加到 20 毫米，为此付出的代价是全重增加至 10 吨，因此 F 型的速度较慢。然而，随着威力更强大的盟军坦克的出现，二号坦克所承担的任务更多地转变为侦察和指挥，因此有必要加强对车上 3 名乘员的防护。F 型采用了板簧悬架，而不是 D 型和 E 型上采用的扭杆悬架。

坦克的炮塔位于底盘顶部偏左的位置。驾驶员位于车体前部，并通过一个狭小的矩形窗口观察战场，车长和炮长位于炮塔内。

战场多面手

当二号坦克投入到西线和东线战场时，较快的速度和较轻的装甲使其底盘成为理想的改装平台。其中，包括“黄鼠狼”Ⅰ型和Ⅱ型自行反坦克炮，以及“黄蜂”自行火炮（安装了 1 门 105 毫米口径榴弹炮，于 1944 年量产）。

二号坦克另一个有意思的变型车是 Fla mm panzer Ⅱ（喷火坦克），它配备了火焰喷射装置，到 1942 年时至少生产了 100 辆。1940 年，为入侵英国，德军又在二号坦克的基础上设计

出一种水陆两栖坦克，它在水上行驶时由连接到发动机上的螺旋桨驱动，水上行驶速度可达10千米/时。

战斗角色

第二次世界大战开始后几个月内，二号坦克证明了它是速度和火力的理想组合，是实施德国闪电战战术中地面快速突击的理想武器。尽管二号坦克的火炮在火力上要弱于对手，尤其是面对法国的“夏尔”B1 bis、“索玛”S-35和“雷诺”R35等坦克时，它们分别安装了75毫米、47毫米和37毫米口径炮。但是，二号坦克速度较快，具有良好的越野性能。

战争初期，二号坦克的真正优势在于良好的机动性，符合空军、炮兵和装甲兵协同作战的要求。这一战术在第一次世界大战时由海因茨·古德里安将军发明，他被认为是“闪电战之父”。二号坦克从1935年一直生产到1943年，德军总共装备了将近1900辆。

早期德军装甲部队的胜利

当德军装甲部队的兵锋于1939年秋深深地切入波兰腹地，并于1940年春侵入法国时，二号坦克是战场上参加战斗的各种坦克中数量最多的一型。二号坦克安装一门20毫米口径机关炮，相对于仅配备了机枪的早期德国坦克，火力得到了提升。二号坦克较轻，在开阔地具有较好的机动性，这使它非常适合执行闪电战理论中所定义的侦察、深入敌后和快速渗透等任务。

在火力更强、更重的坦克大量出现后，二号坦克仍是一种重要的侦察、巡逻和步兵支援坦克。它的生产从1935年一直持续到1943年，最终的F型于1940年问世，从1941年3月到1943年12月，共计生产了524辆。

下图所示为第二次世界大战的前几个星期，几辆二号坦克成队形展开，缓慢地向前推进，通过一片开阔地，进入到树林中。

“夏尔”B1 bis坦克（1937）

包括雷诺公司在内的几个主要法国工厂，为法国陆军生产了“夏尔”B1 bis坦克。“夏尔”B1 bis坦克是“夏尔”B1型坦克的最终生产型，于1937年开始服役，是当时世界上最强的坦克之一。

武器
1940年，“夏尔”B1坦克的火力优于同时期的任何一种装甲车辆。安装在炮塔上的47毫米口径炮由车长操作，75毫米口径炮安装在车体上。其灵活的转向性能弥补了75毫米口径炮无法旋转的不足。
通信
“夏尔”B1坦克有4名乘员，车长在炮塔内，乘员间通话——尤其在战斗中十分困难。
VAR
S

火力与防护

第一次世界大战不仅摧毁了法国经济，还严重影响了法国军队，但仍有相当一部分法国军官意识到需要继续推进法国军事力量的机械化和现代化。战后不久，让·巴普提斯特·尤金·埃斯蒂安将军就提出研制重型坦克。

1921 年，法国开始着手重型坦克的研制工作。然而，“夏尔”B1 坦克开始投入生产，已经是 14 年后的事了。1937—1940 年，仅生产出几辆“夏尔”B1 bis 坦克——“夏尔”B1 的最终生产型。1940 年夏天，在德国入侵的最初几周内，“夏尔”B1 bis 坦克投入战场。事实证明，对于与之对抗的德国坦克来说，它是很难对付的敌手。

从“夏尔”B1 坦克的前视图，可以看到其强大的火力配置。第二次世界大战开始的最初几个月，“夏尔”B1 坦克能摧毁战场上德国最好的坦克。然而，它的装备数量严重不足。

装甲
法国工程师在“夏尔”B1 上采用了大量焊接和铆接部件以及一些铸造件。装甲厚度在 14~60 毫米间，车体前部装甲最厚。

发动机
“夏尔”B1 bis 采用 1 台直列 6 缸雷诺汽油发动机，性能优于“夏尔”B1 上的发动机。

进气管
雷诺风冷发动机需要在“夏尔”B1 坦克车体左侧设置一个巨大的进气口。尽管这是一个潜在的薄弱环节，但侧部装甲厚达 55 毫米，这已经足够了。

“夏尔”B1 的履带配置方式，使人想起第一次世界大战中的坦克。然而，俯视图显示这种法国坦克还是融入了一些创新元素。比如一个安装了 47 毫米口径炮的可 360 度旋转的炮塔。

“夏尔”B1 的设计尽管明显受到了第一次世界大战时期坦克的影响，但它和后继型在技术上也有所创新，其中包括电动起动机和自封油箱。“夏尔”B1 的主要武器包括安装在旋转炮塔内的 1 门 47 毫米口径 SA35L/32 型炮、1 门位于车体前部右侧的威力强大的 75 毫米口径 ABS SA35 L/17 型榴弹炮、1 挺同轴安装的 7.5 毫米口径 Chatellerault Mle.31 机枪和 1 挺安装在球形枪座上的 7.5 毫米口径机枪。全车共携带 72 发 47 毫米口径炮炮弹、74 发 75 毫米口径炮炮弹。装甲厚度为 14~60 毫米，采用镍钢板铆接或焊接结构。

在“夏尔”B1 bis 投入生产时，对其原型设计进行了一些改进，包括增强了装甲防护、改进了炮塔和采用了 1 台功率为 229 千瓦的直列 6 缸雷诺汽油发动机。“夏尔”B1 bis 的生产时间很短，到第二次世界大战前夕，仅有 400 辆“夏尔”B1 和“夏尔”B1 bis 型坦克装备部队。“夏尔”B1 bis 的生产成本非常高，法国陆军最初订购了 1144 辆，然而从 1937 年 4 月到 1940 年 7 月仅有 369 辆交付使用。战争爆发时，仅有 129 辆“夏尔”B1 bis 型坦克服役。

“夏尔”B1 ter 型坦克是一种变型车，采用功率更大的发动机和更厚的倾斜装甲。原计划 1940

技术参数：

尺　寸：	车长：6.63 米 车宽：2.52 米 车高：2.84 米
重　量：	31.5 吨
发 动 机：	1 台雷诺直列 6 缸汽油发动机，输出功率为 229 千瓦
速　度：	公路：28 千米 / 时 越野：21 千米 / 时
武　器：	主要武器：1 门 75 毫米口径 ABS SA35 L/17 型炮固定安装在车体前部的炮座内。 辅助武器：1 门 47 毫米口径 SA35 L/32 型炮安装在旋转炮塔上，1 挺 7.5 毫米口径 Chatellerault Mle.31 同轴机枪，1 挺 7.5 毫米口径 Chatellerault Mle.31 机枪
装　甲：	14~60 毫米
续驶里程：	公路：135 千米 越野：100 千米
乘 员 数：	4 人

年夏天开始生产，然而该坦克还未开始生产，法国就沦陷了。

战场上的弱点

操作“夏尔”B1 坦克是具有挑战性的。坦克车长挤在空间狭小的炮塔内，还要负责操作 47 毫米口径炮；4 名乘员分散在坦克内部，无法进行有效的沟通；全重达 31.5 吨，导致其最高公路速度仅为 28 千米 / 时，越野速度仅为 21 千米 / 时；高高的轮廓使其成为战场上明显的目标。由于采用了雷诺风冷发动机，需要在其车体左侧设置一个巨大的进气口，这削弱了车体的装甲防护。

指挥与控制

第二次世界大战开始时，号称世界上最强大陆军的法国陆军却仅有三个装甲师。直到战争爆发时，第四个装甲师才应急组建。尽管，“夏尔”B1 和“夏尔”B1 bis 坦克的火炮足以摧毁当时任何一种德国现役坦克，德国人与其交火时也意识到其潜在威力——法国坦克在性能上完胜德国坦克。然而，现实的战斗结果却与之相反。

“夏尔”B1 坦克在野外很容易发生故障。为使其在战场上保持良好的技术状态，需要进行大量日常维护保养工作。该坦克的油耗惊人，运行短短 6 小时就能耗尽 3 个 400 升油箱。虽然“夏尔”B1 存在众多缺陷，但最大的问题却是法军的战术：他们将重型坦克分散地投入战场，主要用坦克支援步兵，而不是集中火力以掌握战场主动权。

一辆似乎失去战斗力的“夏尔”B1 坦克，它的一块装甲板被拆下来，乘员试图对其进行修复。

法国沦陷后，德军将缴获的 160 余辆“夏尔”B1 型坦克编入部队中继续使用，并将这些坦克重新命名为 PzKpfw B1 bis 740（f）。这些坦克常用于守备任务，如守卫英吉利海峡内的一些岛屿，有时还用于训练。此外，德国还将其中的一些坦克改装成自行火炮和喷火坦克。

进攻中的“夏尔”B1 bis 坦克

1940 年 5 月 16 日，一辆绰号为“厄尔”的“夏尔”B1 bis 坦克，在上尉皮埃尔 · 比洛特（Pierre Billotte）的指挥下，证明了法国重型坦克是一个令人生畏的对手。比洛特的坦克抵达位于比利时边境附近的法国村庄后，充分利用了所有可用的火力击毁了 13 辆德军坦克。其中，2 辆是新式四号坦克，剩下的是三号坦克。此外，他还摧毁了 2 门 37 毫米口径 Pak 反坦克炮。尽管被击中多达 140 次，但没有一发炮弹能穿透“厄尔”的装甲。

38（t）坦克（1938）

德军占领捷克斯洛伐克后，下令斯柯达工厂继续生产轻型坦克 LT vz38，并将其重命名为 38（t）。在战争初期所有德国现役坦克中，该坦克被证明是综合性能最好的坦克之一。

当“纳粹”德国于 1938 年占领苏台德地区，1939 年占领整个捷克斯洛伐克后，传奇的斯柯达工厂、CKD 发动机厂等世界最好的兵工厂就成为其战利品。德国人迅速将这些凝聚了捷克人聪明才智的兵工厂据为己有。

主要武器

37 毫米口径斯柯达 A7 炮安装在炮塔上，其威力大于第二次世界大战早期的其他轻型坦克所装火炮，在战斗中具有绝对优势。

装甲防护

38（t）的首装甲有一定角度的倾斜，如前视图所示。大战后期生产的坦克在炮塔和车体上都采用了倾斜装甲布置形式。

偷来的财产

在所有印上德军铁十字标志的捷克武器中，最有名的是 LT vz 38 轻型坦克，它是捷克陆军的制式坦克。德国人将其重命名为 38（t），“t” 的含义是 “tschechnisch”，即德语捷克斯洛伐克。38（t）最初的构思来源于捷克陆军于 1935 年提出的一种新型轻型坦克的设计方案。

38（t）坦克的主要特征是采用板簧减振式悬架，早期车型的装甲厚度为 8~30 毫米，后来安装了附加装甲板，厚度增加到 50 毫米。Panzer 38（t）安装了 1 台功率为 112 千瓦的布拉格 EPA 直列 6 缸汽油发动机，最大公路速度为 42 千米 / 时，越野速度可达 15 千米 / 时。该坦克有 4 名乘员，包括 1 名车长兼炮长，1 名装填手 / 机枪手位于双人炮塔内，1 名驾驶员位于车体前部右侧，1 名无线电台操作手 / 机枪手位于车体前部左侧。

装甲防护

38（t）的早期型号，装甲厚度为 8~30 毫米。后期生产的型号加强了对乘员的防护，装甲厚度增加到 50 毫米。

铆接结构

38（t）的炮塔和车体采用铆接结构而不是焊接结构，坦克的外部设备通过螺栓固定在主体结构上。

发动机

布拉格 EPA 直列 6 缸汽油发动机的功率为 112 千瓦，38（t）的最大公路速度可达 42 千米 / 时。

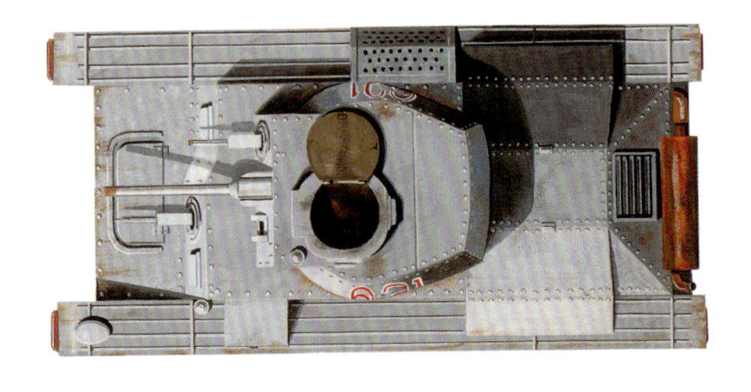

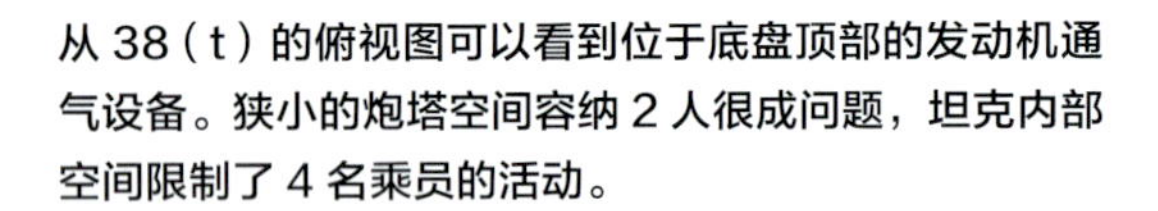

从 38（t）的俯视图可以看到位于底盘顶部的发动机通气设备。狭小的炮塔空间容纳 2 人很成问题，坦克内部空间限制了 4 名乘员的活动。

排气装置部分暴露在外，使得 38 （t）无法经受来自后部的攻击。车体底部距地面高度为 400 毫米，这对越野机动十分有利。

火力

38（t）的主要武器是 1 门 37 毫米口径斯柯达 A7 型炮，德国人将其重命名为 KwK 38（t）L/47.8 型炮，共有 90 发炮弹存储在炮塔和车体内。战斗中，装填手负责装填炮弹，车长负责操作火炮射击。辅助武器包括 2 挺 7.92 毫米口径 ZB-53 机枪，德国人将其重命名为 MG 37（t），备弹 2550 发。一挺机枪位于炮塔上的球型机枪座上，由车长或装填手操作。另一挺机枪位于车体上，也安装在球形机枪座上，具有良好的射界。

与德国一号和二号坦克相比，38（t）拥有更厚的装甲，总体来说它在战斗中的表现更好。其公路续驶里程和越野续驶里程分别为 250 千米和 100 千米，这使它成为“闪电战”的利器。“闪电战”是一种快速推进和联合作战的战术，德军在征服波兰、法国和低地国家以及入侵苏联时都采用过。

技术参数：

尺　　寸：	车长：4.61 米 车宽：2.135 米 车高：2.252 米
重　　量：	9.85 吨
发 动 机：	1 台布拉格 EPA 水冷直列 6 缸汽油发动机，输出功率为 112 千瓦
速　　度：	公路：42 千米 / 时 越野：15 千米 / 时
武　　器：	主要武器：1 门 37 毫米口径斯柯达 A7 型炮 辅助武器：2 挺 7.92 毫米口径 ZB-53 机枪
装　　甲：	8~50 毫米
续驶里程：	公路：250 千米 越野：100 千米
乘 员 数：	4 人

德国特征

德国工程师在 LT vz 38 的原始设计基础上进行了一些修改，将 37 毫米口径炮的弹药基数减少到 72 发，使炮塔内装填手的空间更加宽敞，还为炮长和装填手安装了可调节的座椅。

到 1941 年末，38（t）的性能已经十分落后，但生产仍在继续。从 1939 年开始，在整个生产期内共生产了超过 1400 辆 38（t）型坦克。德国人意识到 Panzer 38（t）的底盘所具有的通用性，于

东线战场上，苏联红军战士们正在冲锋，经过一辆被丢弃的“马德”Ⅲ型坦克歼击车，炮弹在他们前进的路上爆炸，浓烟遮蔽了他们的视线。“马德”Ⅲ是一种由38（t）的底盘改装而来的设计非常成功的坦克歼击车。

是在其基础上生产了几种变形车，既有敞开炮塔式也有封闭炮塔式。在这些变形车中，有“马德”（Marder）坦克歼击车，以及Jagdpanzer 38（t）“追猎者”坦克歼击车，装备1门150毫米口径炮的SdKfz.138 Grille突击炮，装备1门20毫米口径防空炮的SdKfz 140 Flakpanzer 38（t）防空坦克以及侦察坦克。

延长服役

德国占领捷克斯洛伐克后，瑞典订购的计划于1940年交货的90辆LTvz 38坦克被德国人征用，并在德国国防军中服役。瑞典特许生产LT vz 38坦克的协议生效后，第一辆坦克于1942年12月交付瑞典军队。特许生产一直持续到1944年，共计生产了220辆。

瑞典人把其中一些坦克改装成自行突击炮和装甲运兵车。所有特许生产的坦克都重命名为Stridsvagen m/41 S Ⅰ型和Stridsvagen m/41 S Ⅱ型（改进了装甲并安装了大功率发动机），这些坦克于20世纪50年代退出现役。

20世纪30年代中期，秘鲁从捷克斯洛伐克购买了24辆LT vz 38坦克。1941年7月5—31日，这些坦克参加了秘鲁同邻国厄瓜多尔的边境战争。

38（t）坦克内危险的工作

当第21装甲团在“巴巴罗萨”行动前夕组建时，未来的虎式坦克王牌车长奥托·卡尔乌斯（Otto Carius）写道：“当我们接收了捷克斯洛伐克的38（t）坦克后，我是装填手，我们充满了对荣誉的渴望。我们觉得37毫米口径炮和捷克机枪所向无敌。”

卡尔乌斯还描述了一次38（t）坦克被一门苏军47毫米口径反坦克炮击中后脱险的经历。在《泥泞中的老虎》一书中，他写道：“靠近无线电台操作手座椅附近的一大块装甲板被击穿……直到我用手抚过自己的脸时……我才发现它们也打中了我，而无线电台操作手失去了他的左臂。”

Mk Ⅲ “瓦伦丁”步兵坦克（1939）

Mk Ⅲ “瓦伦丁”步兵坦克源自维克斯公司早先设计的 A10 坦克。在“纳粹”德国即将入侵英国，形势日益危险的情况下，Mk Ⅲ “瓦伦丁”步兵坦克大批量装备到英国和其他英联邦国家的军队中。

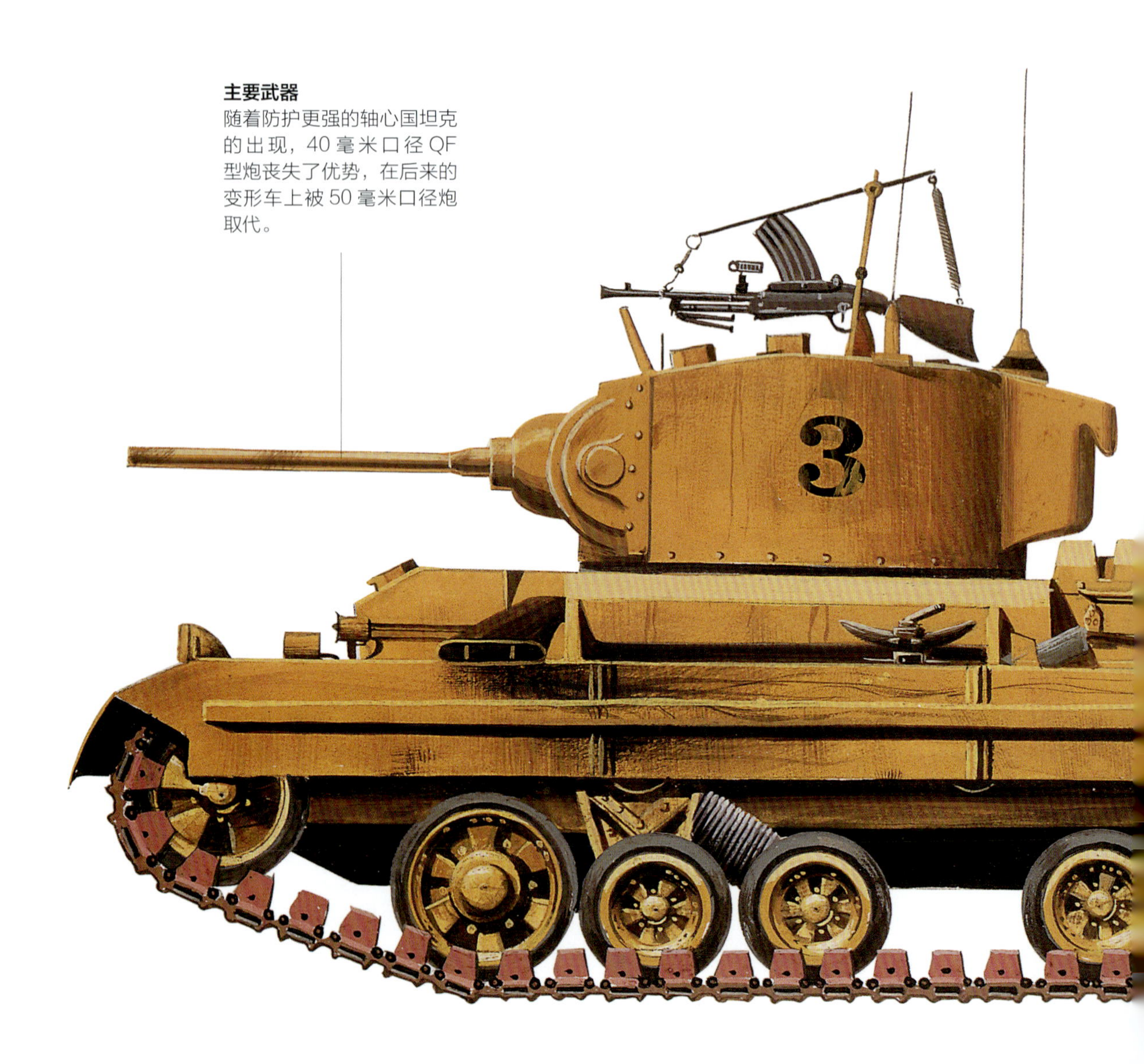

主要武器
随着防护更强的轴心国坦克的出现，40 毫米口径 QF 型炮丧失了优势，在后来的变形车上被 50 毫米口径炮取代。

最初，英国决定让维克斯公司加入到新型“玛蒂尔达”Ⅱ型坦克的联合生产中，但由于该公司已经有了生产 A10 坦克的设施，这项决定没能实施。相反，英国要求维克斯公司在 A10 的基础上研制一种步兵坦克，这型坦克最终于 1939 年夏获准生产。

尽管一些观察家对维克斯公司早期的设计表示质疑，尤其是对炮塔较小可能无法配备口径更大的火炮这一问题，但当时英军坦克数量短缺且战争局势对英国愈发不利，当“纳粹”德国的入

辅助武器

BESA 机枪是捷克制造的 ZB-53 气冷机枪的英国版本。第二次世界大战中，在英国军队中广泛使用。

炮塔

Mk Ⅲ“瓦伦丁”步兵坦克采用双人炮塔，需要车长兼任 40 毫米口径炮的装填手。

Mk Ⅲ“瓦伦丁”步兵坦克未经充分试验就于 1940 年匆忙投入生产。事实证明，这种新型坦克性能相当可靠，主要是由于维克斯公司汲取了它的前身 A10 巡洋坦克的经验。

装甲防护

Mk Ⅲ“瓦伦丁”步兵坦克的装甲厚度为 8~65 毫米，比 A10 巡洋坦克要重。

发动机

Mk Ⅲ“瓦伦丁”步兵坦克采用 AEC A190 6 缸柴油机，功率为 103 千瓦。后被美国 GMC 柴油机取代。

侵迫在眉睫时，坦克的产量就变得至关重要。数量胜过质量是那个时代的准则。Mk III 型坦克在没有经过充分测试的情况下便投入生产，这存在风险，但通过 A10 坦克积累的经验缓解了英军对新型坦克性能的担心。事实证明，这种新型坦克性能相当可靠。

第一辆“瓦伦丁”I 型坦克于 1940 年底驶下装配线。从那时起，“瓦伦丁”坦克开始大量生产。到 1944 年初，“瓦伦丁”坦克的生产停止时，生产了将近 8300 辆。在 1943 年的一段时期内，“瓦伦丁”坦克的产量巨大，占英国坦克总产量的四分之一。其他英国兵工厂也在生产“瓦伦丁”坦克。加拿大也生产该坦克，主要运往苏联。在 1943 年生产高峰时，平均每周生产出 20 辆维克斯坦克。加拿大总共生产了 1400 余辆“瓦伦丁”坦克，而英国的总产量高达 6900 辆。

Mk III“瓦伦丁”步兵坦克由 1 台 98 千瓦 AEC A190 6 缸柴油机驱动，采用 Meadows 22 型传动装置，有 5 个前进档和 1 个倒档，配装三轮一组的平衡式螺旋弹簧悬架。Mk III 坦克的主要武器是 1 门 40 毫米口径 QF 型炮，辅助武器是 1 挺 7.92 毫米口径 BESA 机枪。

在“瓦伦丁”坦克的生产过程中，德军对其动力装置进行了一些改进，如 Mk IV 型和 Mk V 型安装了可靠性更好、工作更为安静的美国 GMC 6004 型柴油机和美制传动装置。

维克斯生产的“瓦伦丁”坦克成为第二次世界大战中生产数量最多的英国装甲车辆之一。到 1944 年末生产结束时，生产了近 8300 辆。

技术参数：

尺　　寸：	车长：5.41 米 车宽：2.63 米 车高：2.273 米
重　　量：	16.96 吨
发 动 机：	1 台 AEC A190 6 缸柴油发动机，功率为 98 千瓦
速　　度：	公路：24 千米 / 时 越野：12.9 千米 / 时
武　　器：	主要武器：1 门 40 毫米口径 QF 型炮 辅助武器：1 挺 7.92 毫米口径 BESA 机枪
装　　甲：	8~65 毫米
续驶里程：	145 千米
乘 员 数：	3 人

“瓦伦丁”坦克共有 3 名乘员。驾驶员位于车体前部中央位置，一个隔板将其与战斗室隔开。炮塔内有 2 人，炮长位于右侧，车长兼装填手位于左侧。另一个隔板将战斗室与车体后部的动力舱隔开。

第二次世界大战中，共生产了 11 种“瓦伦丁”改进型坦克。事实上，该坦克最大的优点就是能够安装口径更大的火炮，I~VII 型装备了 40 毫米口径炮、VIII 型装备了 57 毫米口径 QF 炮、X 型和 XI 型则装备了 1 门 75 毫米口径 QF 炮。

“瓦伦丁”坦克大量装备到在地中海、北非沙漠和缅甸等地作战的英联邦国家军队中。在缅甸，它的性能优于日军坦克。但与 1943 年开始服役的新型坦克相比，它速度慢且性能落后。

以“瓦伦丁”坦克的底盘为基础生产了大量特种车辆，包括配备 1 门 87.6 毫米口径 QF 炮的“牧师”（Bishop）自行火炮、“瓦伦丁”CDL（Valentine Canal Defence Light）轻型坦克、架桥车、侦察车、指挥车、扫雷坦克、喷火坦克和两栖坦克等。其中，具备两栖功能的“瓦伦丁”坦克非常成功，在一段时期内成为英国陆军的制式两栖坦克。

尽管研制一种采用敞开式炮塔，配备 1 门带防盾的 57 毫米口径炮的坦克歼击车的计划最终没有成功，但以“瓦伦丁”坦克底盘为平台，敞开炮塔式的“弓箭手”（Archer）突击炮于 1944 年服役。1945 年，“瓦伦丁”坦克的所有车型停产。

遍及世界的“瓦伦丁”坦克

第二次世界大战中，英国和英联邦国家的军队装备了 Mk III“瓦伦丁”步兵坦克。这张照片中，在地中海马耳他岛举行的庆祝乔治六世国王生日的活动期间，坦克乘员让一群孩子爬上车身，参观他们的“瓦伦丁”坦克。

尽管“瓦伦丁”坦克的设计早于第二次世界大战，但它的火力、装甲防护和产量对于英国人来说，已经足够保护英国本土和庞大的海外殖民地。在亚洲大陆上，从马来亚到缅甸，“瓦伦丁”坦克抵抗着日本人的猛烈进攻。在北非战场上，对抗着意大利军队和随后的德军。1941 年 6 月 22 日，“巴巴罗萨行动”开始后，“瓦伦丁”坦克同苏联红军一道奋勇作战。到第二次世界大战结束时，英国和加拿大总共生产了 8000 辆“瓦伦丁”坦克，以及众多采用其底盘的特种车辆。

三号坦克F型（1940）

三号坦克是德国入侵苏联时装备数量最多的一型坦克，它是一种重量较轻的中型坦克。每个德国坦克营中有三个连装备三号坦克，一个连装备更重一些的四号坦克。

1935年，德国武装部下令生产一种中型坦克，能够与四号坦克形成互补，于是经久耐用的三号坦克的研制工作随即展开。1939—1943年，德国共生产了5800余辆三号坦克。该坦克在战场上所扮演的角色随着战场条件的变化而逐渐变化。

第二次世界大战中，德国共生产了不少于11种以三号坦克为基础的变形车。A型到D型是原

第二次世界大战中，德国军队在各条战线上都使用过三号坦克。随着战争的进行，它承担的角色从反坦克转为支援步兵。其底盘也用在突击炮、抢修车和侦察车上。

武器

三号坦克的主要武器最初是1门37毫米口径KwK 36 L/46.5型炮，后来被50毫米口径KwK 38 L/42型炮取代。辅助武器包括2挺7.92毫米口径MG34机枪，一挺在炮塔上，另一挺在车体上。

型样车，于 1937 年和 1938 年生产。A 型和 C 型的扭杆悬架得到了改善。D 型和 F 型安装了更厚的装甲、性能更好的发动机和得到改进的车长指挥塔。

与同时期其他型号坦克相比，即便后期变型车安装了更大的火炮导致空间减少，三号坦克的内部空间还是更为宽敞。驾驶员位于车体前部左侧，右侧是无线电台操作手 / 机枪手。3 名乘员包括车长、炮长和装填手，位于车体中部的炮塔内。224 千瓦的 12 缸迈巴赫 HL120 TRM 汽油发动机位于车体后部。采用扭杆悬架，有 6 个负重轮，1 个主动轮在前，1 个诱导轮在后，另有 3 个托带轮。

装甲防护
三号坦克的装甲防护在后续变形车上得到了升级，装甲的厚度为 15~50 毫米。

炮塔
三号坦克的三人炮塔包括车长、炮长和装填手，车长只负责在战斗中指挥车辆，而许多盟军坦克需要车长同时操作火炮。

发动机
12 缸直列水冷迈巴赫 HL120 TRM 汽油发动机安装在三号坦克的车体后部，功率为 224 千瓦。

三号坦克的整体结构紧凑，炮塔处的装甲略微倾斜提高了防护力，车体装甲仍然是垂直布置。

逐步提高的坦克火力

1939年，三号坦克E型开始生产时，配备了1门37毫米口径KwK 36L/46.5型炮。1940年，开始生产与E型几乎完全相同的F型。不同之处是，F型采用不同的发动机点火系统，改进了空气进气管和扭杆悬架。配备37毫米口径炮的F型生产了大约300辆。然而，随着盟军坦克的性能不断提高，F型上配备的火炮逐渐显得火力不足，于是在随后生产的100辆上配备了火力更强的KwK 38L/42型50毫米口径炮。辅助武器包括2或3挺7.92毫米口径MG34机枪，分别安装在车体上或与火炮同轴安装在炮塔上。当1940年5月10日入侵法国和低地国家时，德国已经装备了大量F型坦克。

技术参数：

尺　　寸：	车长：5.38米 车宽：2.91米 车高：2.44米
重　　量：	17.41吨
发 动 机：	1台迈巴赫HL 120TRM 12缸水冷直列汽油发动机，功率为224千瓦
速　　度：	公路：40千米/时 越野：20千米/时
武　　器：	主要武器：早期1门37毫米口径KwK L/46.5型炮；后期1门50毫米口径KwK 38 L/42型炮 辅助武器：2或3挺7.92毫米口径MG34机枪
装　　甲：	15~50毫米
续驶里程：	155千米
乘 员 数：	5人

G型在火炮防盾处增加了装甲厚度，H型安装了30毫米厚的附加装甲板，采用螺栓固定，从而提高了车体前、后部的装甲防护性能。H型的发动机性能得到了提升，安装了加宽的履带使之即便在诸如北非沙漠、东部战线泥泞等恶劣环境下，具备了更好的行驶稳定性。

性能优异的苏联T-34中型坦克首次亮相便震惊了德国人，之后就出现了三号坦克J型，它装备了炮口初速更高的长身管50毫米口径炮。随后，L型和M型装甲得到了升级，全车重量超过了22.7吨，这几乎是三号坦克原型车的两倍。M

德国士兵和坦克乘员坐在三号坦克上穿越一条小河。三号坦克 M 型生产于 1942—1943 年，装备具有涉水能力的排气系统。

型的底盘具有更好的稳定性。

向东漫漫长路

1941 年 6 月 22 日，当德军跨过苏联国境时，作为德军装甲师的主力坦克，三号坦克的战斗性能已逐渐显得不足。苏联 T-34 中型坦克的出现使其他中型坦克都黯然失色。三号坦克逐渐变成了步兵支援坦克，而原本是设计用来支援步兵的四号坦克却肩负起与对方坦克作战的重任，这种情况一直持续到 1943 年五号“黑豹”坦克出现之后。

三号坦号 N 型被改装成步兵支援坦克，配备了一门短身管 75 毫米口径炮，该炮早先安装在四号坦克上，车内共有 64 发 75 毫米口径炮弹。后来，N 型装备到独立坦克营中，负责掩护虎式坦克。

第二次世界大战中，三号坦克的底盘具有极好的通用性，尤其是改进了扭杆悬架的 F 型。这种底盘作为一个稳定的火炮平台而广受赞誉，无论是用于坦克还是突击炮。Sturmgeschütz 自行突击炮装有一门 75 毫米口径炮，获得了极大成功。很多装甲抢救车和观察车也采用了这种整个战争期间都在生产的底盘。

不断变化的战斗角色

在东线战场某处，德国士兵在一辆三号坦克的支援下，清理一条饱受破坏的街道，背后的建筑物在燃烧。第二次世界大战中，三号坦克得到不断改进，当它面对新一代盟军坦克在火力和装甲防护上都显得逊色时，逐渐从一种主力坦克演变成一种步兵支援坦克。

第二次世界大战开始的几个月，三号坦克是德国的一线坦克。该坦克能够投入使用的数量相对较多，并且一度同苏军坦克势均力敌，直到用于补充红军老式 BT 和 T-26 式坦克的 T-34 坦克大量出现以后。在北非，三号坦克比英军坦克更优秀，一直主宰着战场，直到配备了 75 毫米口径炮的美国 M3“格兰特 / 李”和 M4“谢尔曼”坦克出现。

KV-1A 重型坦克（1940）

KV 系列重型坦克通常用于进攻作战，作为先锋突破敌人的防线。KV 坦克以苏联国防委员克利缅特·叶夫列莫维奇·伏罗希洛夫元帅的名字命名，它为随后十年苏联的重型坦克设计奠定了基础。

苏联一直固守的多炮塔坦克设计理念逐渐走向消亡。1938 年，当苏联计划生产一种新型坦克用来替换已经过时的 T-35 重型坦克时，许多坦克设计局依然提交了多炮塔设计方案，只有一个设计局提交了单炮塔设计方案，该方案以苏联国防委员克利缅特·叶夫列莫维奇·伏罗希洛夫元帅的名字来命名。

这种最新式的苏联重型坦克在 1940 年的苏

主要武器

KV-1A 坦克安装了 1 门长身管的 76.2 毫米口径 F32 型炮，用以替换早期 KV-1 坦克上的身管较短的 L-11 型 76.2 毫米口径炮。在同芬兰的冬季战争中，KV-1A 坦克参加了战斗。

芬冬季战争中投入使用，正式定名为 KV-1。有两种变形车：第一种是 KV-1A 型，最初安装了 1 门长身管 76.2 毫米口径 F32 型炮，配备弹药 111 发，F32 型炮用来替换早期测试样车上的短身管 76.2 毫米口径 L-11 型炮；第二种是 KV-2 型，它在 KV-1 型的车体、悬架和底盘的基础上安装了 1 门 152 毫米口径榴弹炮。

经久不衰的设计

仅有 141 辆早期型 KV-1 坦克于 1939 年下线。KV-2 坦克由于异常庞大且不安全的炮塔以及巨大的车重，基本上是一种失败的型号，仅生产了 334 辆。于是，KV-1A 坦克成为苏联重型坦克团的主力装备。1940 年，生产的主流转向 KV-1A 坦克。KV-1A 坦克的装甲厚度为 37~38 毫米，采用 1 台 V-2K 系列中的 V-12 水冷柴油发动机，功率为 410 千瓦，最高速度可达 35 千米 / 时。

KV-2 型在 KV-1 型的车体、悬架和底盘的基础上安装了 1 门 152 毫米口径榴弹炮。KV-2 坦克具有异常庞大且不安全的炮塔以及巨大的车重，基本上是一种失败的型号。KV-1A 在扭转这一局面上发挥了关键作用。

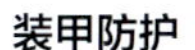

炮塔
最初的 KV-1A 炮塔是装甲板焊接成型的。然而，从 KV-1C 型开始使用铸造外壳，提供了更好的结构和完整性。

装甲防护
KV-1A 重型坦克的装甲厚度为 37~78 毫米。由于德国坦克的火力越来越致命，KV-1A 坦克也得到了改进。

发动机
KV-1A 重型坦克采用 1 台 V-2K 系列中的 V12 水冷柴油发动机，功率为 410 千瓦，最高速度可达 35 千米 / 时。

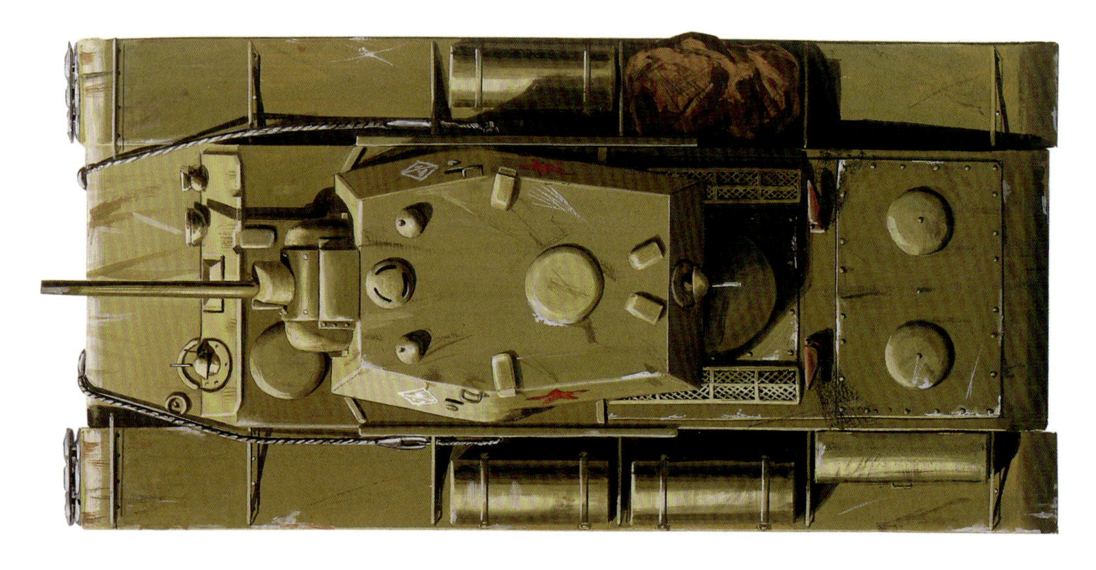

虽然 KV-1A 重型坦克一直饱受机械问题困扰，但它发挥了重要作用。作为突破和攻击坦克，它突破敌人的防线，挺进纵深，切断敌人的退路。

辅助武器包括 3 挺 7.62 毫米口径 DT 机枪，配备弹药 3024 发。一挺机枪安装在车体前部，另一挺机枪安装在炮塔前部与火炮同轴，还有一挺安装在炮塔后部朝向后方以防备来自后方的步兵进攻。一些 KV 坦克上加装了第四挺 7.62 毫米口径机枪，安装在车长指挥塔，用来对付步兵和防空。

技术参数：

尺　　寸：	车长：6.25 米 车宽：3.25 米 车高：2.75 米
重　　量：	46 吨
发 动 机：	1 台 V-2K V12 水冷柴油发动机，功率为 410 千瓦
速　　度：	35 千米 / 时
武　　器：	主要武器：1 门 76.2 毫米口径长身管 F32 型炮 辅助武器：3 挺 7.62 毫米口径 DT 机枪
装　　甲：	37~48 毫米
续驶里程：	225 千米
乘 员 数：	5 人

拥挤的乘员

KV-1A 型和后续车型上共有 5 名乘员。驾驶员位于车体前部中央，一名机枪手坐在驾驶员的左侧。车长、炮长和后部机枪手在炮塔内。该坦克的一个主要缺陷就是车长同时任兼装填手。因此，车长在战斗中常常既忙于指挥又得装填弹药，影响了战斗效能的发挥。

装甲显著增强

随着第二次世界大战的进行，德国坦克逐步提高了装甲防护和火力，为此 KV-1A 坦克也得到了改进。KV-1B 型的车体前部和两侧增加了 25~35 毫米厚的装甲板，KV-1C 型则抛弃了早期 KV 坦克上的焊接炮塔，代之以铸造炮塔。然而，随后提升坦克火力的计划却没有成功。炮塔内装有一门 107 毫米口径火炮的尝试最终也失败了。1943 年，大量 KV-1 坦克换装了一门 85 毫米口径 DT-5 火炮，并重命名为 KV-85。少量 KV 坦克减少了装甲防护，以提高行驶速度，这些改进型名为 KV-1S。

机械问题

整个服役期中，KV-1A 型和其他 KV 系列坦克一直饱受机械问题的困扰。早期型号由于传动装置的故障和离合器的问题，有时无法顺利换档。为满足战场生存力的需求，KV-1C 坦克增强了装甲防护，但除将发动机功率增加了 75 千瓦外，并没有相应地提高其可靠性，从而导致故障频发。在草原地形中，机动性较差是 KV-1A 的一个弱点。

尽管容易出现机械故障，火力也不足以对抗敌重型坦克。但 KV 系列坦克设计合理，并且在德国入侵的最黑暗的日子里，起到了至关重要的作用，同时为未来性能更好的斯大林系列重型坦克奠定了良好的基础。

浴火重生的红军

1941 年冬天，德军攻占莫斯科的企图遭到挫败。1943 年 2 月，苏联红军取得了斯大林格勒战役的胜利，同年在东线战场上开始反攻。下图中，在一场反攻战的战斗间隙，红军战士正在休息。他们的旗帜在空中飘扬，坦克乘员同步兵一起站在 KV- 1 1942 年型的车体上。正是这种坦克挡住了德军，并使红军掌握了东线的战场主动权。

尽管火炮威力不足且在野外频繁发生机械故障，让 KV 系列重型坦克饱受批评，但它在战斗中证明自己足以对付德国三号和四号坦克。与此同时，苏联设计师很快吸取了教训，研制出“约瑟夫 · 斯大林”系列重型坦克，并在第二次世界大战后期投入使用。

四号坦克F1型（1941）

四号坦克作为第二次世界大战期间德国装甲部队的“军马”，最初计划用作步兵支援坦克，然而当盟军坦克的性能得到提升后，它最终担负起与盟军坦克对抗的任务。

作为第二次世界大战期间德国生产和使用最广泛的坦克，四号坦克是德国陆军的支柱。20世纪30年代中期，第一辆四号坦克驶下了克虏伯公司的装配线，从那时起到1945年，德国共计生产了超过8800辆四号坦克。它是唯一一型整个第二次世界大战期间都在生产的德国坦克。

最初，四号坦克是作为一种步兵支援坦克来设计研制的，而三号坦克则是被设定为与对方坦

四号坦克的产量比其他任何一种德国装甲车都要多。第二次世界大战结束后，它还在许多国家的装甲部队中服役。

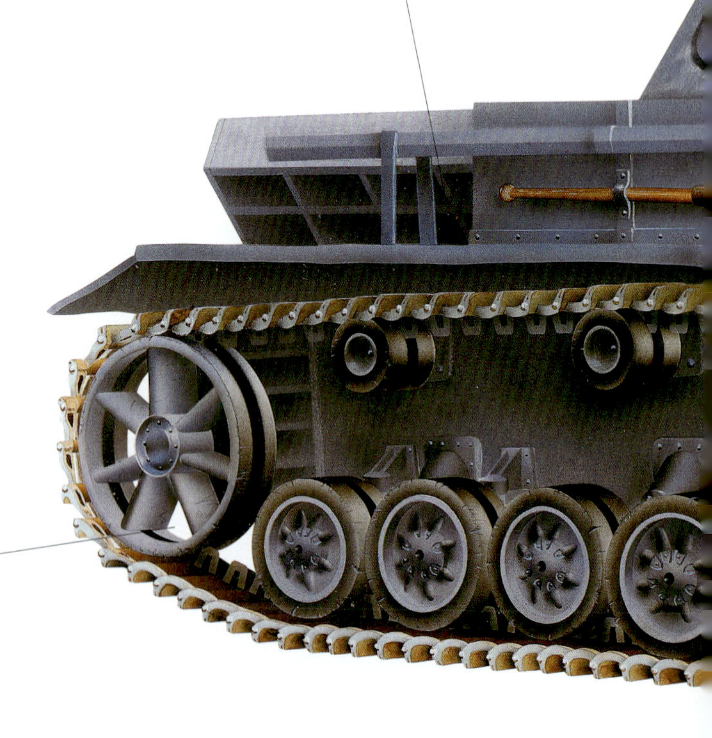

发动机

四号坦克的迈巴赫12缸直列HL120 TRM水冷汽油发动机功率为220千瓦，最高公路行驶速度为42千米/时。

机动性

宽履带和改进的主动轮和诱导轮使四号坦克能通过复杂地形。冬季会加装防滑爪，以提高机动能力。

克作战的主要武器。最初的四号坦克按照 1934 年发布的规范来制造，包括 5 名乘员，即车长、前机枪手 / 无线电台操作手、装填手、炮长和驾驶员。配备了 1 门短身管 75 毫米口径火炮和 2 挺 7.92 毫米口径 MG34 机枪，一挺安装在炮塔上，另一挺安装在车体前部。

当三号坦克获许开始生产时，其 37 毫米火炮被认为足以对付对方的坦克。比它更重一些的四号坦克则是准备用来清除诸如火炮阵地、固定防御工事和军队集结地等可能会迟滞德国闪电战进程的目标。德国闪电战是由空军、炮兵、装甲兵和步兵协同组织的进攻，在 1939 年和 1940 年间席卷了波兰、法国和低地国家。

不断升级

A 型是四号坦克的第一种量产型，于 1936

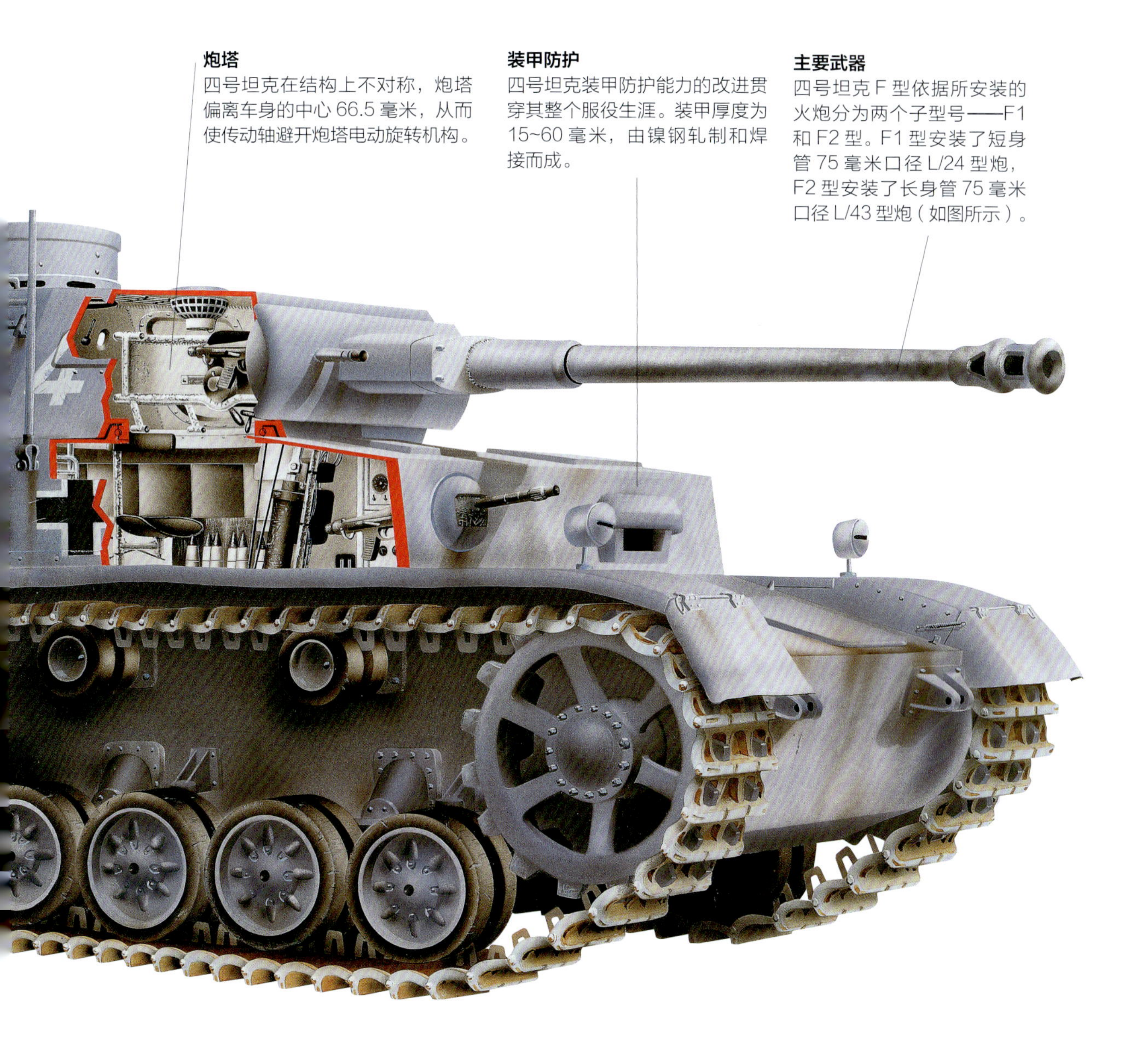

炮塔
四号坦克在结构上不对称，炮塔偏离车身的中心 66.5 毫米，从而使传动轴避开炮塔电动旋转机构。
装甲防护
四号坦克装甲防护能力的改进贯穿其整个服役生涯。装甲厚度为 15~60 毫米，由镍钢轧制和焊接而成。
主要武器
四号坦克 F 型依据所安装的火炮分为两个子型号——F1 和 F2 型。F1 型安装了短身管 75 毫米口径 L/24 型炮，F2 型安装了长身管 75 毫米口径 L/43 型炮（如图所示）。

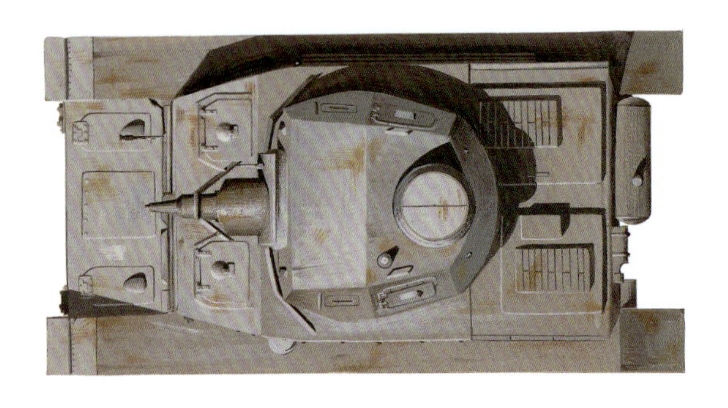

最早的一批四号坦克F型由于安装了75毫米口径炮而被重新命名为F1型，后来安装了长身管75毫米口径炮的四号坦克被命名为F2型。

四号坦克的炮塔由电动机驱动，在电动机失效的情况下，也可采用手动控制。坦克的发动机位于车体后部，手动变速器有6个前进档和1个倒档。

年装备作战部队。一年之内对传动装置和迈巴赫12缸直列HL120 TRM水冷汽油发动机进行了改进，命名为B型，该型产量较少。C型的炮塔装甲厚度增加到30毫米，于1938年开始服役。接下来的D型重新安装了之前被取消的车体机枪，并且对火炮防盾进行了重新设计。1940年9月，

技术参数：

尺　　寸：	车长：5.91米 车宽：2.88米 车高：2.68米
重　　量：	22吨
发 动 机：	1台迈巴赫12缸HL 120 TRM水冷直列汽油发动机，功率为220千瓦
速　　度：	42千米/时
武　　器：	主要武器：1门短身管75毫米口径L/24型炮 辅助武器：2挺7.92毫米口径MG34机枪
装　　甲：	15~60毫米
续驶里程：	公路：225千米 越野：120千米
乘 员 数：	5人

出现了E型，它增加了装甲厚度并改变了车长指挥塔的位置，大部分在役的四号坦克都被改装到E型的配置标准。

1941年春，F型开始生产，在9个月内共计生产了500多辆。德国军方和军工部门都意识到四号坦克开始担负双重角色——支援步兵和同坦克作战，而且同坦克作战的可能性更大。F型车体装甲的厚度增加到60毫米，炮塔装甲的厚度增加到50毫米。车体机枪安装在球形枪座上，具有更好的射界。采用加宽的履带使得坦克的行驶稳定性更好，从而满足不同气候条件下德国装甲部队的行动要求。

F型最为显著的改进就是采用了威力更大的火炮。F型早期批次上安装1门短身管的75毫米L/24型加农炮。后来，大量的F型安装了长身管75毫米L/43型加农炮，其初速更高，穿甲能力更强。安装L/24型火炮的四号坦克被重新命名为F1型，安装L/34型火炮的则被命名为F2型。到了1942年6月，所有生产出来的四号坦克都配备了L/34型火炮，这也反映出该型坦克所扮演的战斗角色的转换，这些坦克被重新命名为G型。

上图是 1943 年 7 月库尔斯克战役中的一辆四号坦克 F2 型，它的长身管 75 毫米口径炮在战场上极为显眼。

幡然醒悟

火炮得到升级的四号坦克 F2 型部署到北非以后，它所配备的 L/43 型火炮震惊了盟军坦克兵和高层指挥官。在与英国和美国坦克的对抗中，F2 型取得了惊人的战果。在一段时间内，F2 型坦克是东线战场上德国装甲部队中能大批量使用的坦克中威力最大的一型。

尽管四号坦克的产量巨大，但损失十分严重，尤其是从 1944 年到战争结束，盟军取得了欧洲战场的制空权后。德国装甲部队在昼间的任何行动都变得非常危险。

四号坦克最后的生产型——J 型于 1944 年春开始服役。相较于先前的型号，J 型简化了生产，便于快速制造，以弥补战场上的巨大损失。在服役期间，四号坦克的底盘还被用来作为好几种高射炮和坦克歼击车的平台。

数量最多的德国坦克

在生产和部署的高峰期，四号坦克占据了德军所有在役坦克数量的 30%。然而，在第二次世界大战爆发很长一段时间后，这种坦克才大量投入前线。1939 年德国入侵波兰和 1940 年 5 月征服法国及低地国家时，使用最广泛的坦克是一号和二号坦克。德军进入华沙时，仅装备了 211 辆四号坦克。在第二年春天的西线战场上，仅有 278 辆四号坦克参加了战斗。

1940 初，德军急需大量四号坦克。MAN 公司原本是四号坦克的唯一制造商，为保证供应，随后又有多家工厂参与到生产工作中。四号坦克开始替换那些在战争爆发之前就在服役，并且早已过时的坦克。

1939 年，四号坦克的产量为平均每月 40 辆，这个数字稳步攀升，1942 年时为 83 辆，1943 年时为 252 辆。1944 年初，在一些生产线转向生产其他型号武器之前达到 300 辆。到了 1944 年秋，产量降到每月仅 55 辆。

Mk VI“十字军”I 巡洋坦克（1941）

英国的“十字军”坦克设计于两次世界大战之间，是一种快速机动作战的装甲车辆，能通过重武器在敌人防线上撕开的缺口突入敌纵深，并对敌造成巨大破坏。

20 世纪 30 年代，在英国军事家看来，巡洋坦克的概念是合乎逻辑的。当重炮和重型坦克在敌人防线上撕开缺口后，巡洋坦克利用高速向敌防线纵深突击，打击敌人的士气。采用这种战术能避免陷入如同第一次世界大战时期西线战场那样的堑壕战泥沼。

然而，为获得高速度和机动性等优势而付出的代价是高昂的。出于必要，巡洋坦克会牺牲装甲防护，以便有效地完成任务。此外，由于装备重型火炮会增加整车重量，削弱机动性，巡洋坦克一般装备口径较小的火炮。

纳菲尔德的“十字军”

Mk VI 巡洋坦克由纳菲尔德机械与航空有限公司设计生产，于 1941 年开始服役，最终发展成为 Mk VI“十字军”I 型巡洋坦克和随后的一系列改

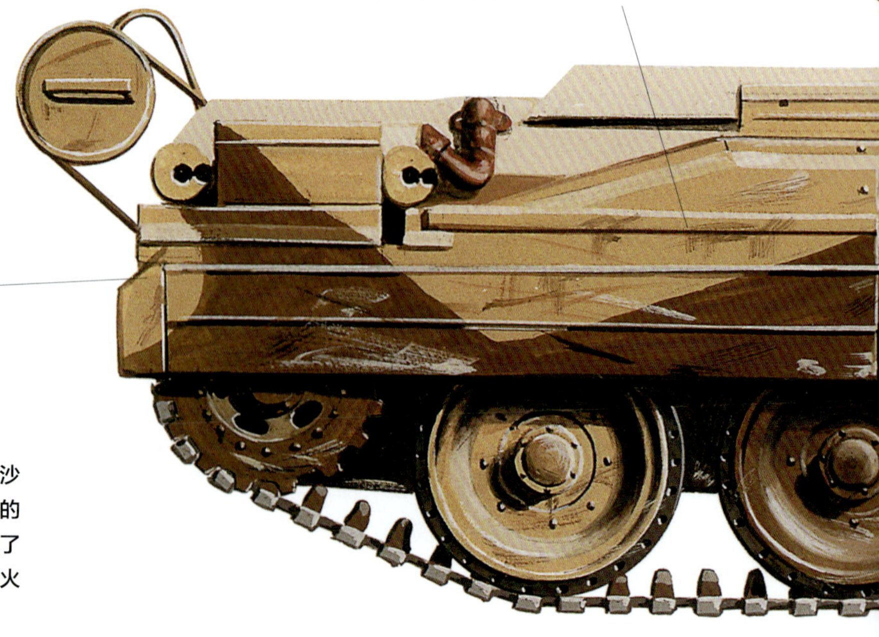

装甲防护
“十字军”坦克的优势在于高速度，这是通过牺牲装甲防护获得的。早期“十字军”坦克的装甲很薄，最厚仅为 40 毫米，后来的变型车装甲厚度增加到 50 毫米。

发动机
“十字军”系列坦克上安装的纳菲尔德 12 缸“自由”L-12 型水冷汽油机容易过热。发动机与变速器处于常接合状态，因此经常出现故障。

MK VI“十字军”坦克在北非沙漠战中成为一种经典坦克。它的装备数量大，某种程度上抵消了其机械装置不可靠、装甲薄和火力较弱等劣势。

进型。设计团队对一个编号为 A12 的双炮塔原型车进行了重新设计，并对新型坦克进行了严格的试验。在试验中，该坦克暴露出很多机械功能上的缺陷，尤其是纳菲尔德 12 缸“自由”L-12 型水冷汽油机，存在冷却问题。此外，变速器经常不能顺利换档。在“十字军”坦克的整个服役过程中，性能不可靠这一问题一直困扰着它。即便如此，英国仍生产了超过 5300 辆“十字军”坦克。

“十字军”系列坦克外形圆滑，呈流线型，看上去像一流的装甲战斗车辆。然而，北非恶劣的气候使它的缺点暴露无遗。

炮塔

MK VI“十字军”III 型巡洋坦克的炮塔要比早期型大一些。然而，由于配备了 57 毫米口径炮，实际上减少了炮塔内的可用空间。

主要武器

MK VI“十字军”I 型巡洋坦克配备了 1 门火力较弱的 40 毫米口径 QF 型炮，无法有效对抗新一代德国坦克。“十字军”III 型采用了威力更大的 57 毫米口径 QF 型炮，这给了英国和英联邦国家的乘员在战斗中取胜的机会。

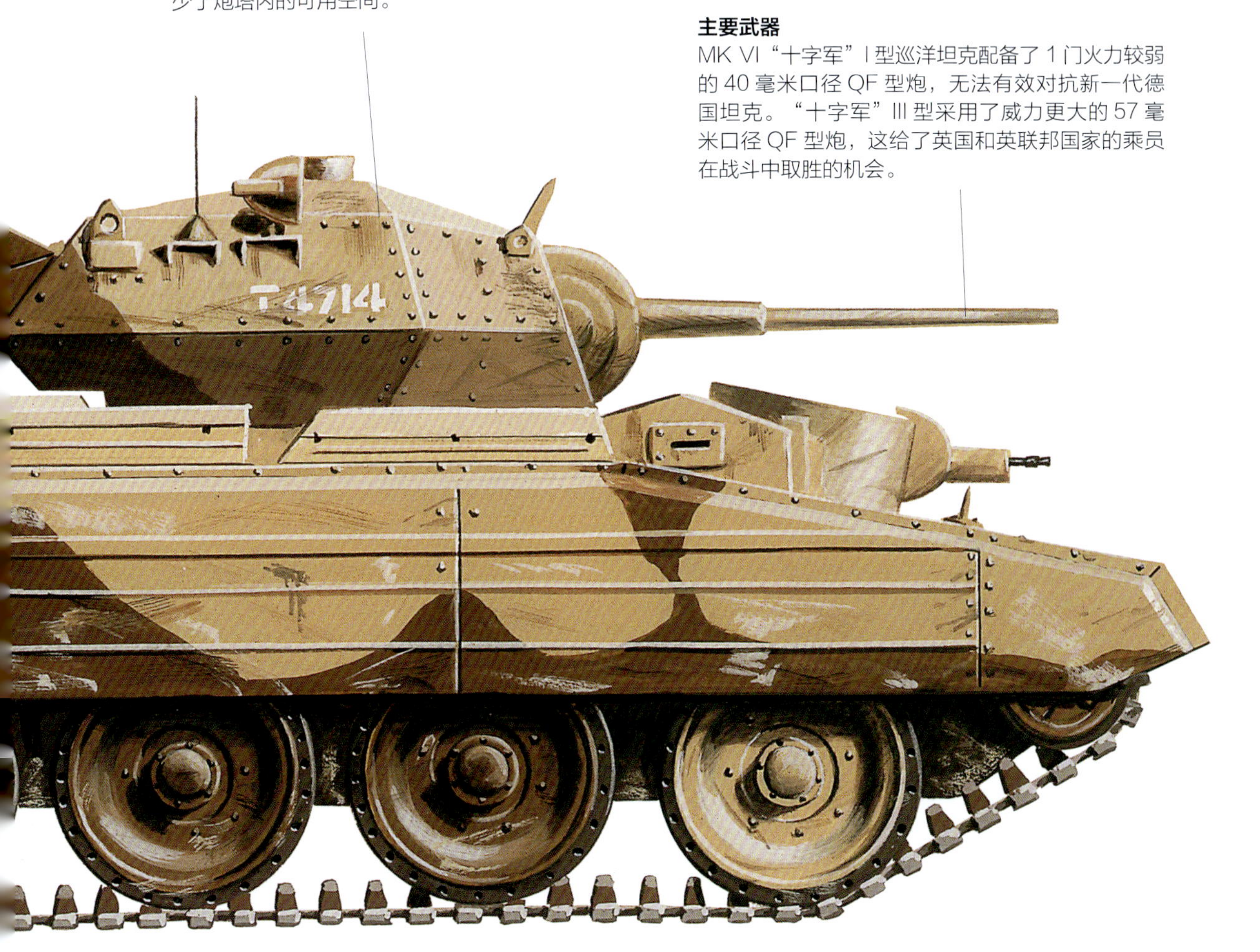

第一种量产型“十字军”I型坦克是真正意义上的巡洋坦克。但是，从一开始它就远逊于比它重一些的、已经服役的德国坦克。“十字军”I型装备了1门火力相对较弱的40毫米口径QF型火炮，它的装甲很薄——最厚处只有40毫米。由于这些缺陷，“十字军”I型虽然看上去是战斗车辆，但在实战中却没有达到英军期望的目标。几个月后，“十字军”II型的装甲最大厚度增加到50毫米。但是令人惊讶的是，其发动机冷却系统不断发生故障这一问题却没有得到解决。

“十字军”系列坦克不同的改进型，乘员的人数也不一样。“十字军”I型和II型有4~5名乘员，即车长、炮长、驾驶员、装填手和机枪手。后来，由于安装了威力更大的57毫米口径QF型火炮，“十字军”III型的乘员数减少到3名。辅助武器最初为2挺BESA 7.92毫米口径机枪，后来增加了1挺安装在炮塔上的BESA机枪。该坦克的悬架以美国发明家沃尔特·克里斯蒂设计的悬架为基础，最初的设计是增加一个双臂曲柄和独立安装的负重轮，以提高快速机动能力和稳定性。

奔赴沙漠

尽管有很多缺点，“十字军”坦克还是装备到前线的英军装甲部队，并成为北非沙漠战的标志。训练有素的乘员能够弥补一些机械问题，他们能克服“十字军”坦克面对德军坦克和88毫米口径flak反坦克炮时的劣势。

“十字军”III型是“十字军”系列坦克的最后一种改进型，首次亮相是在1942年10月的阿拉

“十字军”III的炮塔有一定的倾角，提高了装甲防护性能，使得它能更有效地履行作为一种快速、重量较轻的战斗车辆穿过敌人防线缺口的职责。

技术参数：

尺　　寸：	车长：5.99米 车宽：2.64米 车高：2.23米
重　　量：	19.73吨
发 动 机：	1台纳菲尔德12缸“自由”L-12水冷汽油发动机，功率为254千瓦
速　　度：	公路：43.4千米/时 越野：24千米/时
武　　器：	主要武器：1门57毫米口径QF型炮 辅助武器：1挺7.92毫米口径BESA机枪
装　　甲：	51毫米
续驶里程：	204千米
乘 员 数：	3人

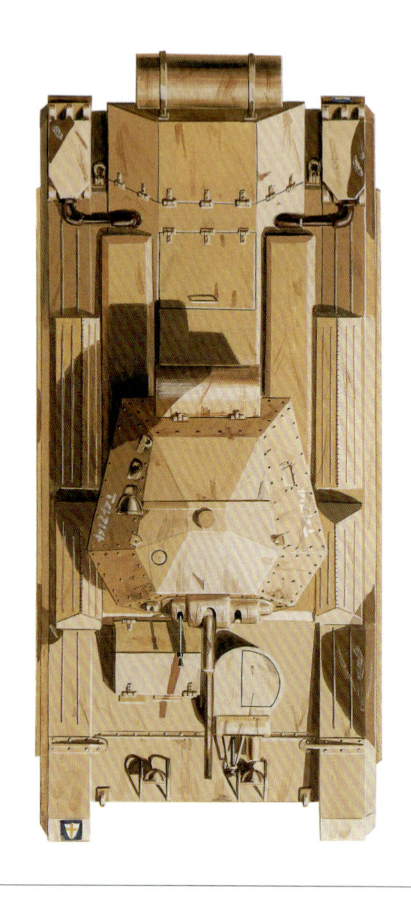

曼战役中，以及随后追击德国非洲军团 1770 千米直到突尼斯的行动中。大约有 100 辆“十字军”III 型坦克参加了伟大的阿拉曼战役。装备一门备弹 65 发的 57 毫米口径 QF 型炮，使得“十字军”III 有能力击毁德军在北非使用的三号和四号坦克。由于火炮使重量增加，“十字军”III 型的速度减慢了，因此装甲防护没有做大的改动。“十字军”III 型坦克的最高越野速度为 24 千米 / 时，最高公路速度为 43.4 千米 / 时。

性能上的优点

尽管“十字军”III 型坦克容易出现机械故障，但它还是深受乘员欢迎。

到了 1943 年初，性能可靠且机动性好的美制 M4“谢尔曼”中型坦克大量抵达战场，“十字军”坦克随之被迅速淘汰。它的底盘作为基础平台用在一些特种车辆上，例如配备了一门 75 毫米口径榴弹炮的“十字军”IIC 型。此外，在其基础上还改装出了防空坦克、抢修车、推土机和牵引车等变型车。

“十字军”坦克的交叉火力

首批部署到北非的“十字军”坦克配备了 40 毫米口径 QF 型炮，能对付配备短身管 50 毫米口径炮的德国三号坦克。而面对装短身管 75 毫米口径炮的四号坦克则又是另一回事了。这种口径更大一些的德国火炮胜过“十字军”的火炮，使后者在沙漠战中处于劣势。

德国人对手中的反坦克武器运用自如，其中包括传奇的 88 毫米口径反坦克炮和 50 毫米口径 Pak38 反坦克炮。德军经常将“十字军”坦克引诱到隐藏好的反坦克火炮的射程以内。英国坦克一旦遭受火力打击，要么撤退到其射程之外，要么顶着反坦克武器和重炮的交叉火力同德国坦克交战。无论哪一种选择对于英军来说都是不利的，直到装备了 57 毫米口径炮的“十字军”III 型坦克出现。

早期，“十字军”坦克的最大优点是速度。在沙漠中，它比其他坦克的速度都要快。然而，它一旦被击中，就很容易发生剧烈燃烧。在下图中，一辆“十字军”III 型坦克停下来，乘员在休息，一辆救护车停在一旁。

“丘吉尔”Mk IV 坦克（1941）

“丘吉尔”Mk IV 坦克最初设计作为一种步兵支援坦克，用于扫清战场上的障碍，这让人回想起第一次世界大战的堑壕战。然而，最终它却发展成为一种多功能战斗车辆，能够承担各种作战和步兵支援任务。

最初，英国设计重型坦克的唯一目的是用来支援步兵，扫清前进中遇到的障碍，“丘吉尔”Mk IV 坦克也遵循这一目标。哈兰德与沃尔夫公司生产出 4 辆 A20 步兵支援坦克的原型车，它们具有与步兵部队相同的推进速度，可用于清除人工和

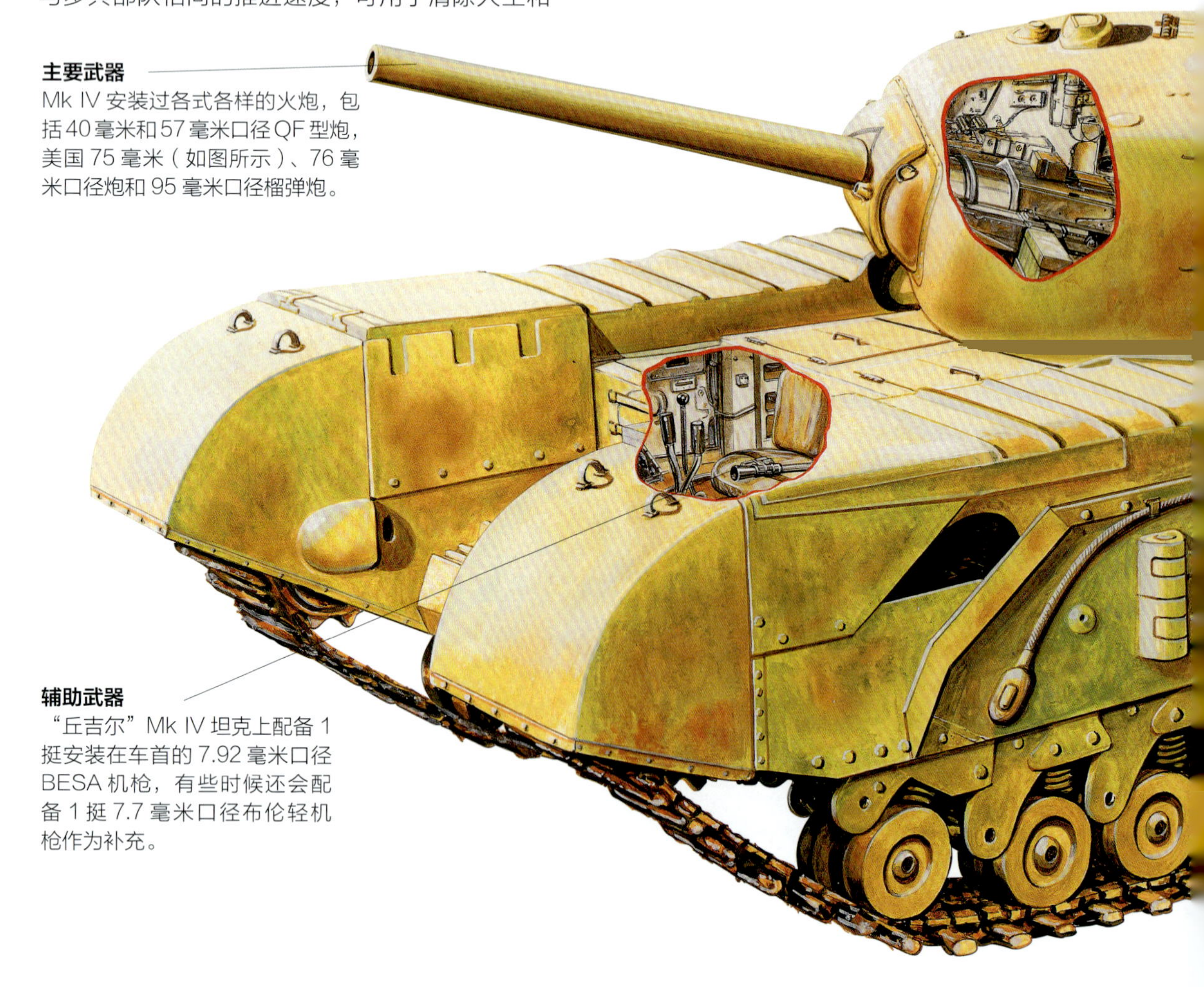
主要武器
Mk IV 安装过各式各样的火炮，包括 40 毫米和 57 毫米口径 QF 型炮，美国 75 毫米（如图所示）、76 毫米口径炮和 95 毫米口径榴弹炮。
辅助武器
“丘吉尔”Mk IV 坦克上配备 1 挺安装在车首的 7.92 毫米口径 BESA 机枪，有些时候还会配备 1 挺 7.7 毫米口径布伦轻机枪作为补充。

天然障碍。

哈兰德与沃尔夫公司的试验样车于 1940 年完成。就在同一年，纳粹德国对欧洲大陆的侵略过程表明，未来出现阵地战的可能性不大，将德国人驱逐出去更可能需要的是快速机动的运动战。

“丘吉尔”坦克的车体和炮塔呈方盒子状，在战场上很容易识别。在主炮得到提升后，它对付轴心国坦克时更加得心应手。

“丘吉尔”何去何从

1940 年 6 月，法国陷落后，德军入侵英国的可能性大大增加。一种在 A20 坦克的基础上改进而成的车型——A22，于 1941 年匆忙投产。很快，

炮塔

“丘吉尔”的炮塔既有焊接结构的，也有铸造结构的。安装了 75 毫米口径炮后，由于炮塔内部人员配置的关系，装填火炮时需要从左向右旋转 90° 。

发动机

水平对置 12 缸汽油发动机，功率为 261 千瓦。尽管重量不断增加，但“丘吉尔”Mk IV 坦克在其整个服役生涯中都配备该发动机。

悬挂装置

“丘吉尔”Mk IV 坦克的螺旋弹簧悬架有 11 个轮轴架，每一个轮轴架支撑着一对直径为 254 毫米的负重轮。

这种坦克就被命名为“丘吉尔”——取自时任英国首相温斯顿·丘吉尔，型号为 Mk IV。如果简单地从原始的 Mk IV 开始，列出其变型车的数量或者型号名单，需要好几页纸。更为混乱的是，每种 Mk IV 的变型车都有自己的独立编号。换句话说，“丘吉尔”坦克的第一个实战型 Mk I 实际是 Mk IV 型的变型车。

由于战争迫在眉睫，“丘吉尔”坦克迅速投产，在没有经过足够战地试验和改进的情况下装备了部队。

车体庞大的“丘吉尔”Mk IV 坦克有 5 名乘员，车内被分为四个隔舱，驾驶员位于车体前部，旁边是副驾驶 / 机枪手，战斗室位于车体中部，车长、炮长和装填手 / 电台操作手位于炮塔内，动力舱位于车体后部。动力装置采用贝德福德公司的水平对置 12 缸汽油发动机，功率为 261 千瓦。装甲的厚度最初在 16~102 毫米之间，从 Mk VII 型开始的后续车型的装甲厚度增加到 25~152 毫米。

两辆第二次世界大战期间盟军标志性的坦克交错而行，乘员互致问候。左边的一辆是英国“丘吉尔”Mk IV 坦克，右边的一辆是美国 M4“谢尔曼”中型坦克，两种型号都是战争期间盟军装甲部队的主力。

技术参数：

尺　　寸：	车长：7.65 米 车宽：3.25 米 车高：2.5 米
重　　量：	40.6 吨
发 动 机：	1 台贝德福德水平对置 12 缸汽油发动机，功率为 261 千瓦
速　　度：	25 千米 / 时
武　　器：	主要武器：1 门 40 毫米口径 QF 型炮 /57 毫米口径 QF 型炮 /75 毫米 /76.2 毫米 /95 毫米口径炮 辅助武器：1 挺 7.92 毫米口径 BESA 机枪；可选装 1 挺 7.7 毫米口径布伦机枪
装　　甲：	16~152 毫米
续驶里程：	公路：195 千米 越野：100 千米
乘 员 数：	5 人

“丘吉尔”Mk IV 坦克最显著的一个特点，就是它采用了螺旋弹簧悬架，底盘两侧分别有 11 个轮轴架，每一个轮轴架支撑着一对直径为 254 毫米负重轮。事实证明，这种设计非常成功，它使坦克具备了穿越起伏不定的地形和通过陡坡的能力。

持续提高火力

“丘吉尔”坦克的火炮经过了数次升级。早期的 Mk I 和 II 型安装了 40 毫米口径 QF 型炮，Mk III 型安装了 57 毫米口径型炮，Mk IV NA75 型安装了美制 75 毫米口径炮。在北非进行的一项战地试验催生了 Mk IV NA75 坦克。加重的火炮和火炮防盾无法安装到美制 M4“谢尔曼”中型坦克上，转而安装到“丘吉尔”坦克上。试验获得了成功，

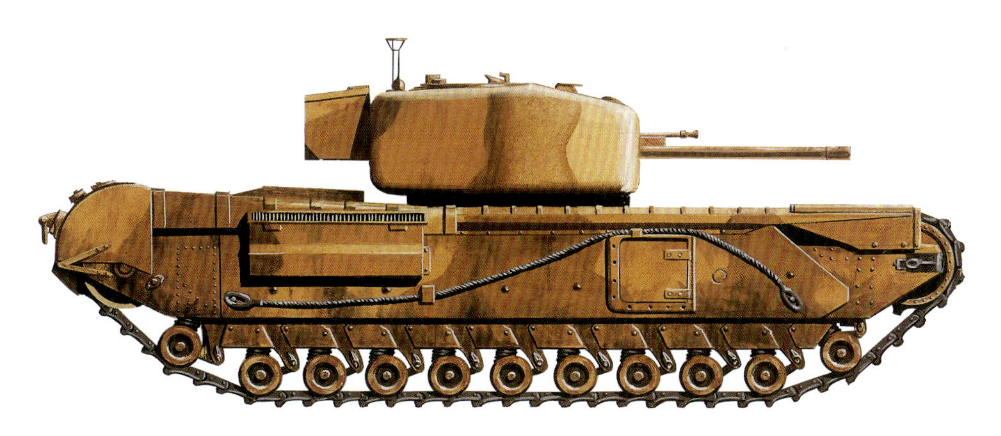

“丘吉尔”坦克独特的悬架，很容易与同时代其他坦克的悬架区分开来，该悬架对于跨过不平的地面和相对较陡的斜坡支援步兵十分理想。

到 1944 年夏天，200 多辆坦克改装完毕。许多 Mk IVNA75 坦克在意大利战场上发挥了巨大作用。

在 Mk I 型上也安装过 76.2 毫米口径榴弹炮，然而事实证明该炮操作困难，因此改装项目被取消。在 Mk II 型和后来的变型车上，换成了 1 挺安装在车首的 7.92 毫米口径 BESA 机枪。一些“丘吉尔”坦克还可安装 7.7 毫米口径布伦轻机枪。

了不起的多面手

第二次世界大战期间，英国共计生产了 7400 辆各种型号的“丘吉尔”坦克。从最初的型号还衍生出一些特种车辆，其中的一些在 1944 年 6 月 6 日盟军登陆诺曼底和随后的西欧战役中发挥了很大作用，其中有携带了 290 毫米口径迫击炮的 AVRE（皇家工兵装甲车）、装备了火焰喷射装置的“鳄鱼”坦克、“袋鼠”装甲输送车、AVRE/CIRD 扫雷车、ARV 装甲抢救车和 ARK 架桥坦克。

“丘吉尔”Mk IV 坦克的生产一直持续到第二次世界大战结束，由其衍生的各种特种车辆在英国陆军中一直服役到 1952 年。

迪耶普灾难

尽管“丘吉尔”Mk IV 坦克的悬架系统具有创新性且十分有效，但它参与的第一次战斗却成了一场灾难。迪耶普战役，1942 年 8 月 19 日盟军登陆法国港口城市迪耶普的行动，最终以惨败告终，作为主力的加拿大军队遭受了巨大的人员损失。

参加登陆行动的“丘吉尔”Mk I 和 Mk II 型坦克也遭受了重大损失。第 14 坦克营共有 30 辆“丘吉尔”坦克，其中有一些是喷火坦克，大都陷在迪耶普海滩的沙地中。另外，30 辆卡尔加里团的坦克登陆，但晚于预定时间，仅有少量坦克成功跨过海滩向内陆推进。

由于流沙的影响和德军集中火力打击，所有“丘吉尔”坦克要么被击毁，要么被丢弃，乘员或阵亡或被俘。然而，迪耶普的灾难并不是毫无意义的，盟军从中吸取了教训，从而完美地计划了两年后的诺曼底登陆行动。

M3A3“斯图亚特”轻型坦克（1941）

美国 M3 轻型坦克是作为一种步兵支援车辆研制的，它具有出色的速度且配备了十分有效的武器。第二次世界大战期间，它大量装备了欧洲和太平洋战场上的美国、英国和苏联军队。

1941 年春，当欧洲和太平洋地区的冲突逐步加剧，美国卷入战争已经无可避免时，M3 轻型坦克投入生产。M3 轻型坦克用来取代已显落后的 M2 坦克，它身上集中体现了两次世界大战期间美国人对坦克在战斗中所承担角色的诠释——速度、机动性和步兵支援。

M3 轻型坦克即使在恶劣的战场环境中性能也十分可靠，深受英国和美国坦克兵的欢迎。英国开始认为 M3 作为轻型坦克来说过大，但后来逐步意识到它在步兵支援和侦察方面有巨大潜力。在 1942 年的北非沙漠，英国第 7 装甲旅装备了该型坦克。

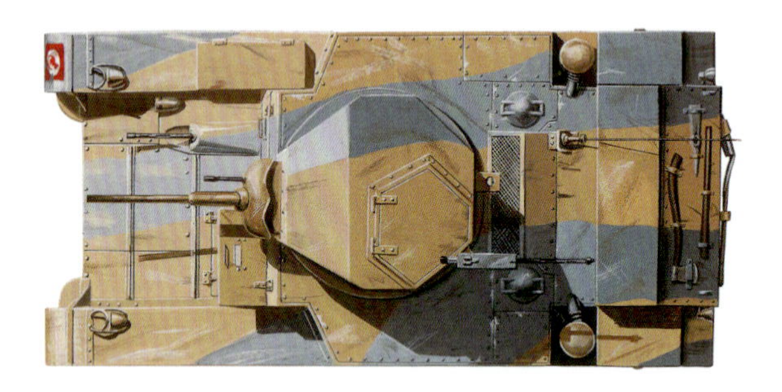

动力装置和改进

大部分 M3 轻型系列坦克采用大陆公司的 W-670-9A 星型汽油发动机，然而其他型号的车辆对该发动机的需求也很大。因此，一些 M3 轻型

主要武器
在 M3 轻型坦克的整个服役期内，37 毫米口径 M6 型炮一直是其主要武器。这种火炮不适合用来进行坦克对坦克的作战，但是足以对付在支援步兵过程中遇到的其他目标。

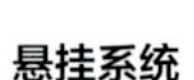

悬挂系统
采用螺旋弹簧悬架是第二次世界大战时期美国坦克的特色。特别是后部的诱导轮接触到地面，减小了压强，并且为 M3A3 尾部提供了更好的支撑。

坦克安装了吉伯森公司的 T-1020 柴油机，它是凯迪拉克公司产 V8 发动机的衍生型。这些换装发动机的坦克的车体也有所改进，增高了底盘，这样就产生了 M5 轻型坦克，英国人称之为“斯图亚特”V 型，得名于美国南北战争期间南军勇猛的骑兵指挥官 J.E.B. 斯图尔特少将。

M3A1 是 M3 轻型坦克最常见的一种改进型，英国人依据发动机是汽油机还是柴油机将其称为“斯图亚特”III 型或“斯图亚特”IV 型，以及 M3A3 型或“斯图亚特”V 型。从 1941 年开始生产，到第二次世界大战结束，M3 坦克的主要武器都是一门 37 毫米口径 M6 型火炮，该火炮在战

发动机

M3A3 安装了大陆公司的 W-670-9A 星型汽油发动机，功率为 186 千瓦。另外，一些 M3 坦克安装了 2 台凯迪拉克 V8 发动机或者 1 台吉伯森公司的 T-1020 柴油机。

辅助武器

M3A3 至少安装了 2 挺 7.62 毫米口径 M1919A 勃朗宁气冷机枪，一挺与主炮同轴安装在炮塔上，另一挺安装在车体球形枪座上。一些型号还在炮塔舱门处安装了 1 挺高射机枪。

M3 轻型坦克较高的外形轮廓使其不易隐蔽。然而，当面对优势敌军时，速度是它的优势。较厚的倾斜装甲提高了 M3A3 的战场生存力。

斗中已经无法对付轴心国的新一代坦克，但对于其他类型的目标仍具有杀伤力。其辅助武器包括多达 5 挺的勃朗宁 7.62 毫米口径 M1919A4 机枪。

技术参数：

尺　寸：	车长：4.53 米 车宽：2.23 米 车高：2.52 米
重　量：	14.7 吨
发动机：	1 台"大陆"W-670-9A 风冷 7 缸星型发动机，功率为 186 千瓦
速　度：	58 千米 / 时
武　器：	主要武器：1 门 37 毫米口径 M6 型炮 辅助武器：2 挺 7.62 毫米口径 M1919 A4 气冷勃朗宁机枪
装　甲：	10~65 毫米
续驶里程：	公路：120 千米 越野：60 千米
乘员数：	4 人

M3A1 坦克提高了火炮的精度，其中包括采用陀螺稳定器，它安装在由电动机驱动的带吊篮的炮塔内。M3A3 坦克安装了倾斜装甲，厚度从 43 毫米增加到 51 毫米，驾驶员的隔舱被扩大，取消了两侧的机枪，使勃朗宁机枪的数量减少为 3 挺。M3 坦克的内部对于轻型坦克来说是非常宽敞的，驾驶员在车体前部左侧，副驾驶位于其右侧，车长和炮长位于双人炮塔内。

速度VS 火力和防护

第二次世界大战期间，成千上万辆 M3 轻型坦克通过美国的租借法案装备了英国军队和苏联红军。虽然它们原本用于执行步兵支援和侦察任务，但仍不可避免地陷入到与德国坦克和反坦克武器的不对等战斗中。它在火力和装甲防护方面的不足显而易见。因此，一些军事观察家对该坦克的性能提出了负面看法。尽管如此，在欧洲和太平洋战场上，M3 坦克还是足以胜任其角色的。

在北非，英国坦克兵非常喜欢这种外形低矮

的重 14.7 吨的坦克，并且昵称它为“甜心”。M3 轻型坦克同美国提供的 M3“格兰特”和 M4“谢尔曼”坦克一起，帮助英国和后来的美国军队赢得了北非战役。

在太平洋战场，M3 轻型坦克作为步兵支援车辆非常有效，它能穿越茂密的丛林等重型坦克无法通过的地形。日本装甲车辆的发展明显落后于美国，当美国军队一个岛接一个岛，横跨太平洋杀出一条血路时，M3 坦克足以完成消灭日军坦克、机枪火力点、碉堡和部队集结地等任务。

终结

M3 轻型坦克的生产一直持续到第二次世界大战结束，到了 1944 年秋，它的继任者 M24 霞飞坦克开始装备部队。作为战争期间装甲车辆火力快速增长的一个典型例子，M24 轻型坦克安装了 75 毫米口径炮。随后，一些 M3 坦克被改装成装甲部队的指挥车，还有些炮塔被去掉，安装了更多的机枪给步兵提供火力支援。此外，美军还进行了将 M3 坦克改装成特种车辆的实验，包括配备了一种 12.7 毫米口径机枪的防空型，一种喷火车，还有一些安装了 75 毫米口径榴弹炮，但这些车型都没有进入到量产阶段。

从 1941 年 3 月到 1943 年 10 月，总共生产了超过 25000 辆 M3 轻型坦克。由于其可靠的设计，第二次世界大战结束后很长一段时间，它仍在许多国家的军队中服役。据报道，直到 20 世纪 90 年代，有些 M3 轻型坦克还在服役。

激进的M3坦克

尽管缺乏火力和防护，美制 M3 轻型坦克在对付集结的部队、机枪掩体和其他一些可能威胁到盟军士兵的软目标时，还是十分有效的。作为第二次世界大战前的设计，美国参战后，M3 系列坦克迅速落伍了，但仍有上千辆已经通过租借法案送到东线战场的苏军和北非的英军手中。

在太平洋战场，由于敌军缺少有效的反坦克武器，甚至连 M3 坦克的前辈——M2 轻型坦克都在战场上大显身手。在美国海军陆战队防守位于所罗门群岛的瓜达尔卡纳岛的泰纳鲁河期间，一个 M2 坦克排阻挡了日军的冲锋。当机枪喷射的火舌停止，弹药的硝烟散去，美国的坦克将敌军撕成了碎片。

右图：早期 M3 系列轻型坦克的车体采用铆接结构，如右图中正在训练中的这辆 M3 一样，它正在通过一个陡峭的土坡。注意，其车体上安装了 1 挺 7.62 毫米口径勃朗宁机枪。

M3“格兰特/李”中型坦克（1941）

由于急需提升坦克的火力以对抗北非的德军坦克，美国设计师对已有的M3坦克的车体进行了修改，安装了一门位于车体一侧凸出炮座上的75毫米口径炮。

1941年夏，当德国人将配备了50毫米口径和75毫米口径炮的坦克部署到北非后，美国设计师开始慌忙寻求对现有坦克的火炮进行升级的途径。需求是发明之母。M3坦克于当年8月开始生产，与此同时，美国却没有足够数量的炮塔能安装口径超过37毫米的火炮。

主要武器

M3中型坦克配备了1门75毫米口径炮，安装在车体炮座上，炮塔内安装了一门37毫米口径炮。这种配置对于美国的工厂来说仅是权宜之计，尤其正值急需新型坦克补充英国在北非的损失之时。

解决的方法很落伍，但是也包含一些很先进的设计。显然，M3 中型坦克受到第一次世界大战时期设计的影响，安装了一门位于车体一侧的凸出炮座的 75 毫米口径炮。然而，它所采用的悬架装置具有 20 世纪 30 年代美国装甲车辆的特征，并在整个第二次世界大战期间使用。

在北非，英军坦克的损失已经达到没有外部援助就无法弥补的程度，美国拒绝了在美国工厂生产英国设计的坦克的建议。另一种方案是加快 M3 坦克的研制、生产和部署，这显示了美国工业应对紧急需求的能力。虽然在设计上有明显缺陷，但是 M3 坦克满足了紧迫的需求并缓解了北非战场上英国坦克日益短缺的问题。

M3 中型坦克显然受到第一次世界大战时期设计的影响，安装了一门位于车体一侧凸出炮座上的 75 毫米口径炮。

炮塔
M3 的小炮塔无法容纳口径大于 37 毫米的火炮。英国人对炮塔进行了修改，去掉了车长指挥塔，加长了炮塔以安装无线电设备。

发动机
M3 中型坦克安装了 1 台莱特 大陆 R975 EC2 发动机，它最初是一种航空发动机。后来的 M3 坦克换装了通用动力公司的 6046 型 12 缸柴油发动机，以及 2 台 GM 6-71 发动机。

悬架装置
采用美国坦克上常见的螺旋弹簧悬架，后期型 M3 的悬架得到了改进。

美国 M3 中型坦克外观另类，很大程度上源于生产的急迫性。对火力的需求，通过一门安装在车体炮座上的 75 毫米口径炮来解决。

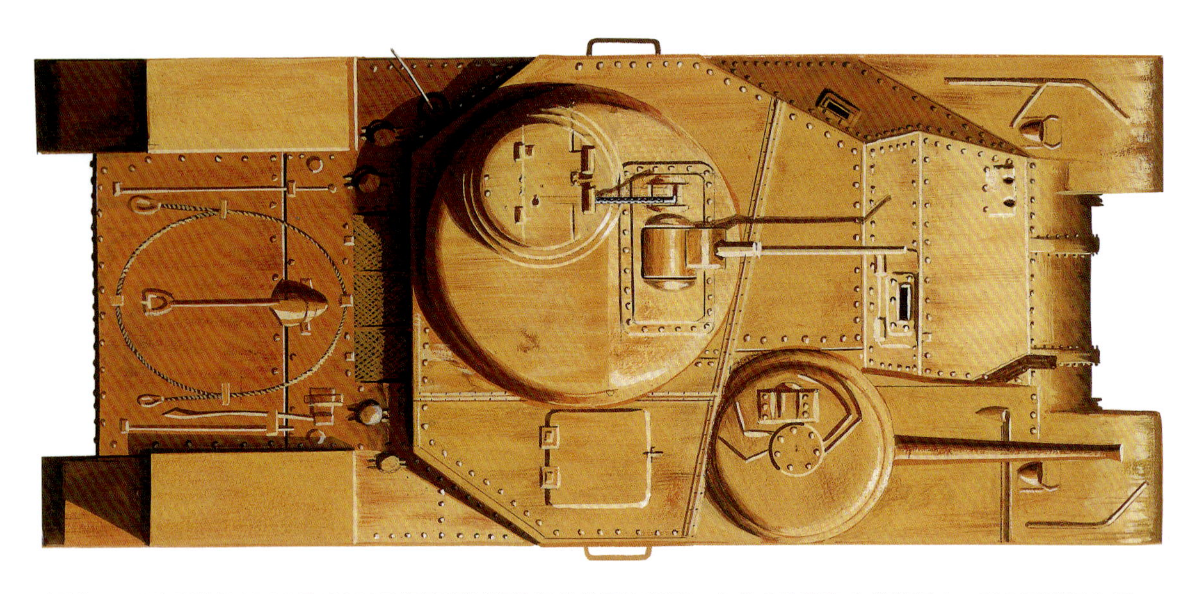

超过 4200 辆美制 M3A3 和 M3A5 坦克通过海路运往英国和苏联。在北非沙漠和东线战场上，M3 系列坦克解决了盟军坦克短缺的问题，直到 M4“谢尔曼”坦克出现。

M3 中型坦克采用了 M2 坦克的悬架装置和动力传动系统。车高大约 3 米，乘员舱被抬高，以适应动力系统的角度，有一个小炮塔，在最早的车型上还有一个车长指挥塔，位于小炮塔的顶部。M3 坦克高大的外形轮廓使其很容易受到敌方火力的攻击，并且无法很好地隐蔽车身。它的越野速度相对较慢，仅为 26 千米 / 时。然而，这种坦克在恶劣的沙漠环境中结实耐用。

技术参数：

尺　　寸：	车长：5.64 米 车宽：2.72 米 车高：3 米
重　　量：	27 吨
发 动 机：	1 台通用动力 6046 型 12 缸柴油发动机加上 2 台 GM6-71 发动机，功率为 313 千瓦
速　　度：	40 千米 / 时
武　　器：	主要武器：1 门 75 毫米口径 M2 L/31 型炮安装在车体炮座上 辅助武器：1 门 37 毫米口径 M6 型炮安装在炮塔上；3 挺 7.62 毫米口径勃朗宁 M1919A4 机枪
装　　甲：	12.5~76 毫米
续驶里程：	公路：160 千米 越野：150 千米
乘 员 数：	6 或 7 人

美国的沙漠战车

从 1941 年 8 月至 1942 年 12 月，共计生产了 6258 辆 M3 中型坦克。许多坦克是由位于宾夕法尼亚州费城的鲍尔温机车厂生产。英国购买了其中很大一部分，对一些进行了改进，拆除了车长指挥塔，采用了一个更为细长的炮塔，以安装无线电设备。英国人称这些坦克为“格兰特将军”，而称未经改进的 M3 坦克为“李将军”——分别指的是美国南北战争期间北方军的尤利西斯 · 格兰特将军和南方军的罗伯特 · 李将军，他们互为敌手。

苏联红军也获得了 M3 坦克，但是它很不受红军的欢迎，士兵们戏称它为“七兄弟的棺材”。

尽管如此，一种配备了 75 毫米口径炮的盟军坦克的出现，还是让德国人有些措手不及。

基础和改进

M3 中型坦克的车体超过两个普通人的身高，看上去显得笨拙且头重脚轻。尽管它缺少流线型的外形，并且明显借鉴了沉旧的设计元素，但是 M3 却能发出强大的一击。其主要火力来自于一门安装在车体右侧凸出炮座内的 75 毫米口径炮，这种安装方式能被接受只是因为工期紧迫。

与敌人的坦克对抗时，75 毫米口径炮仅能进行有限的横向转动，这是一个不利因素。然而，它在提供机动火力支援和消灭轴心国据点等方面却得心应手，既可以使用穿甲弹，也可以使用高爆榴弹，这提高了坦克的作战效能。与此同时，安装在小炮塔上的 37 毫米口径 M6 型炮在对抗敌方坦克时几乎没有什么用处。辅助武器包括安装在车体和炮塔内的多达 4 挺的 7.62 毫米口径勃朗宁 M1919A4 机枪。坦克的装甲厚度范围为 12.5~76 毫米。

早期 M3 中型坦克的动力装置是莱特大陆公司的 R975 EC2 发动机，功率为 253 千瓦。经过不断改进，该坦克的性能得到提高。M3A1 采用了焊接结构，而不是铆接结构。M3A3 的装甲防护能力得到了加强，并且安装了通用汽车公司的 6046 型 12 缸柴油发动机，功率为 313 千瓦。M3A4 安装的是克莱斯勒公司的 A57 发动机，功率为 276 千瓦。M3A5 型除了采用铆接结构以外，基本上同 M3A3 型相同。有超过 4200 辆 M3A3 和 M3A5 坦克通过海路运往苏联。

受欢迎的“谢尔曼”

虽然 M3 坦克达到了预期的目标，但是它的服役生涯注定会很短。正当 M3 坦克的生产如火如荼时，它的继任者——传奇的 M4“谢尔曼”中型坦克即将装备部队。

战斗中的M3中型坦克

M3 中型坦克的首次战斗，发生在 1943 年北非的加查拉。德国人对这种配备了 75 毫米口径炮的坦克事先没有任何防备，M3 坦克的出现震惊了他们。在加查拉战役中，“格兰特”坦克在德国装备的牵引式 50 毫米口径 Pak38 反坦克炮的射程之外，仍能够提供有效火力支援，并同德国坦克交战。

M3 性能可靠，比起其他盟军坦克，它不容易因沙粒进入行走装置而发生故障。然而，一旦它冒险进入敌方射程内，较慢的速度和高大的外形轮廓又会使它成为敌方火炮极好的目标。一些 M3 坦克采用铆接结构，这给盟军坦克乘员增加了危险。当敌方的炮弹击中坦克后，铆钉很可能会断裂脱落，在坦克内部乱飞，造成灾难性的后果。

T-70 轻型坦克（1942）

尽管苏联基本上已经放弃轻型坦克的研制，但第二次世界大战爆发后，他们仍然生产出了 T-70 轻型坦克，该坦克主要执行侦察和步兵支援两类任务。

到了 1941 年底，苏联的坦克研制已经几乎全部转到 T-34 中型坦克和 KV-1 重型坦克上。作为一种有效的侦察和步兵支援装甲战斗车辆，它仍有一些用武之地，但轻型坦克的性能和未来的价值还是备受质疑。一些小型工厂无法生产 T-34 坦克和 KV-1 坦克的部件，但是它们有能力生

主要武器
T-70 轻型坦克配备的 45 毫米口径 L/46 38 型炮的威力要大于 T-60 上的 37 毫米口径炮。同时，它增强了装甲防护，重量增大到 9 吨以上。

产足够数量的轻型坦克。

与之相反，在20世纪20~30年代，苏联投入了大量资金研发只有1名乘员操作的超轻型坦克和有2名乘员的轻型坦克。最终，超轻型坦克的设计被放弃。20世纪30年代后期，在早期T-27坦克的基础上，经过10多年多达6次修改后，原型车T-40获许生产。

随着1941年6月22日德军入侵苏联，轻型坦克的产量呈阶梯式增长。尽管当时苏联的大部分工业能力被拆解，搬到乌拉尔山脉以东，以免遭到德国先头部队的摧毁。

T-40坦克被重新命名为T-60。1942年出现了T-60A坦克，它有限地增强了装甲防护，并且在扭杆悬架装置上用实心负重轮替代了辐条负重轮。当德军装甲车辆的防护性能得到提升以后，

T-70轻型坦克于1941年3月投产，此时这类装甲车辆对苏联军方的重要性显然已经下降，他们把注意力都集中到T-34中型坦克和KV-1重型坦克上。

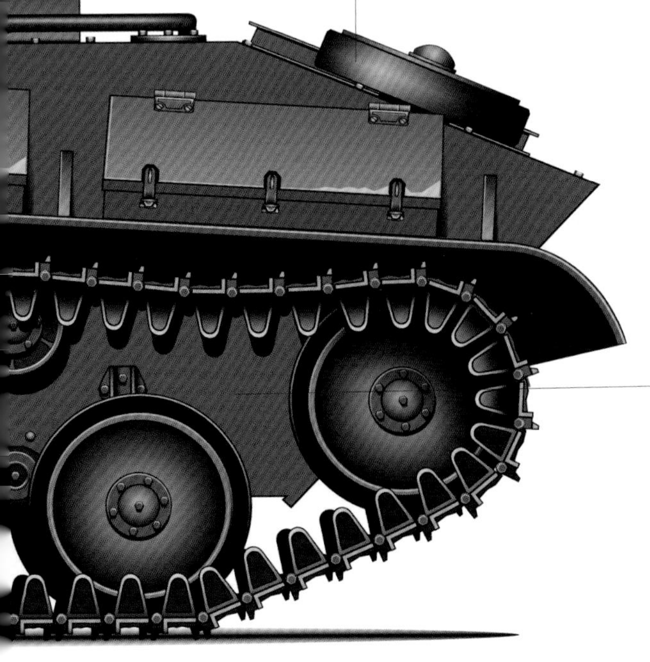

炮塔
T-70的多边形炮塔位于车体偏左的位置，较重的部件和弹药放置在另一侧，以保持整车重量均匀分布。

发动机
2台串联6缸GAZ 202汽油发动机，综合功率为104千瓦。T-70的最大速度可达45千米/时。

悬架装置
后期生产的T-60和T-70轻型坦克用实心负重轮替换了扭杆悬架上的辐条负重轮。

很明显，早期T-60坦克上安装的20毫米口径和后续的37毫米口径火炮，以及轻型的装甲防护，在战斗中无法对抗德军的坦克装甲车辆。因此，T-70坦克用来承担侦察和支援步兵任务，在一个仅重9.2吨的紧凑战车内，仅有2名乘员——1名车长和1名驾驶员。

重新评估技术规格

T-70坦克由位于基洛夫的第38工厂设计，动力装置采用2台串联6缸GAZ202汽油发动机，功率为104千瓦。早期的双动力系统被认为动力不足，在生产过程中不断得到改进。T-70坦克安装了10~60毫米厚的装甲，能够抵御37毫米口径反坦克炮的火力。它比T-40坦克重3吨，配备的45毫米口径L/46型火炮比T-40坦克的37毫米口径炮威力更大。携带94发45毫米口径炮弹。此外，还有1挺7.62毫米口径DT机枪同轴安装在炮塔上。

技术参数：

尺　寸：	车长：4.29米 车宽：2.32米 车高：2.04米
重　量：	9.2吨
发动机：	2台串联6缸GAZ 202汽油发动机，功率为104千瓦
速　度：	45千米/时
武　器：	主要武器：1门45毫米口径L/46 38型炮 辅助武器：1挺7.62毫米口径DT机枪
装　甲：	10~60毫米
续驶里程：	360千米
乘员数：	2人

在东线战场某处，苏联红军的T-70坦克，舱门打开，步兵坐在车上，驶过冰冻的土地。T-70坦克是第二次世界大战期间苏联最后一种大量生产的轻型坦克。后续的T-80仅生产了120辆。

T-70坦克的驾驶员位于车体前部，车长位于炮塔内，炮塔明显偏向车体左侧。车长负责操作火炮，但在战斗中这大大削弱了他的作战效率。T-70坦克于1942年3月开始生产，到了9月，最后一批T-60坦克生产完毕后，第37工厂和第38工厂将生产精力完全转到T-70坦克上。T-70的生产于1943年10月停止，产量令人瞩目，共计8226辆，其中包括增强了装甲防护的T-70A。

到了1943年底，苏联开始生产T-70坦克的后续型——T-80坦克。即便如此，轻型坦克的作战价值仍受到苏联军事和工业部门的严重质疑。不久之后，T-80坦克项目就被搁置，事实上只有120辆样车完成了生产。其他轻型坦克，如美国M3“斯图亚特”，均可以通过租借法案获得。在苏联，轻型坦克的生产于1943年末停止，其生产资源转向一个更为实际的武器——自行火炮。

自行火炮

库存的T-70坦克的底盘按照指令用来生产

T-70 轻型坦克综合了苏联多年研发设计经验，但当它于 1942 年 3 月投入生产时，参加实战的机会已经很少了。至少作为一种侦察和步兵支援坦克，T-70 是成功的。

SU-76 自行火炮。SU-76 自行火炮安装了一门高效的 76 毫米口径炮，非常适合用于支援步兵。从 1942 年到战争结束，共计生产了超过 14000 辆。SU-76 自行火炮采用敞开式炮塔，因为缺乏装甲保护，且在恶劣天气下暴露在自然环境中，所以不受乘员欢迎。在数量方面，SU-76 自行火炮比红军装备的任何其他装甲车辆数量都要多，除了传奇的 T-34 中型坦克以外。

另一种使用了轻型坦克底盘的自行武器，就是采用敞开炮塔的 T-90，它是红军的第一种机动防空车辆，安装了 2 挺 12.7 毫米口径 DShK 重机枪。随后，在 1945 年出现了 ZSU-37，配备了一门 37 毫米口径高射炮，并且一直生产到 1948 年。

T-70坦克在险境

事实上，T-70 坦克是苏联生产的最后一种轻型坦克。其后续车型 T-80 到 1943 年末仅生产了 120 辆。T-70 坦克是从之前众多的轻型坦克和一个可追溯到 20 世纪 20 年代的研发项目演化而来的。轻型坦克被认为主要承担步兵支援的角色，而不是同敌方坦克作战。苏联早期的一些轻型坦克配备了 37 毫米口径炮，后来提升到 T-70 所装备的 40 毫米口径炮。

然而，随着第二次世界大战的进行，轻型坦克很明显会遭遇敌方的重型坦克，而新型坦克既能承担步兵支援任务，又能承担与敌方坦克作战的任务。尽管 T-70 坦克继续服役到战争结束，但它在作战行动中露面的次数越来越少。这张照片中，在东线，被白雪覆盖的 T-70 坦克停在树林里，士兵穿着冬季伪装服，步履艰难地向前推进。

T-34 中型坦克（1942）

可以毫不夸张地说，T-34 中型坦克是少数几种帮助盟军赢得第二次世界大战胜利的武器之一。1941 年，大批 T-34 中型坦克抵达战场，并迅速扭转了红军装甲部队相对德军装甲部队的劣势。

这也许是第二次世界大战最具标志性的景象之一：一辆苏联红军的 T-34 中型坦克，士兵坐在上面或者徒步跟随着向西奔跑，跨过纳粹德国的边界，冲向柏林。T-34 中型坦克于 1940 年开始生产，并于同一年开始在红军中服役。事实上，T-34 中型坦克改变了东线战场的进程。

德国坦克，尤其是三号和四号坦克，曾经一度统治战场，直到大量 T-34 中型坦克出现以后。1941 年 11 月，在俄国村庄姆岑斯克（Mzensk）附近，T-34 中型坦克第一次出现就震惊了与其遭遇的德国坦克兵。然而，自 1930 年代中期起，该型坦克一直处在开发设计和试生产阶段。虽然研

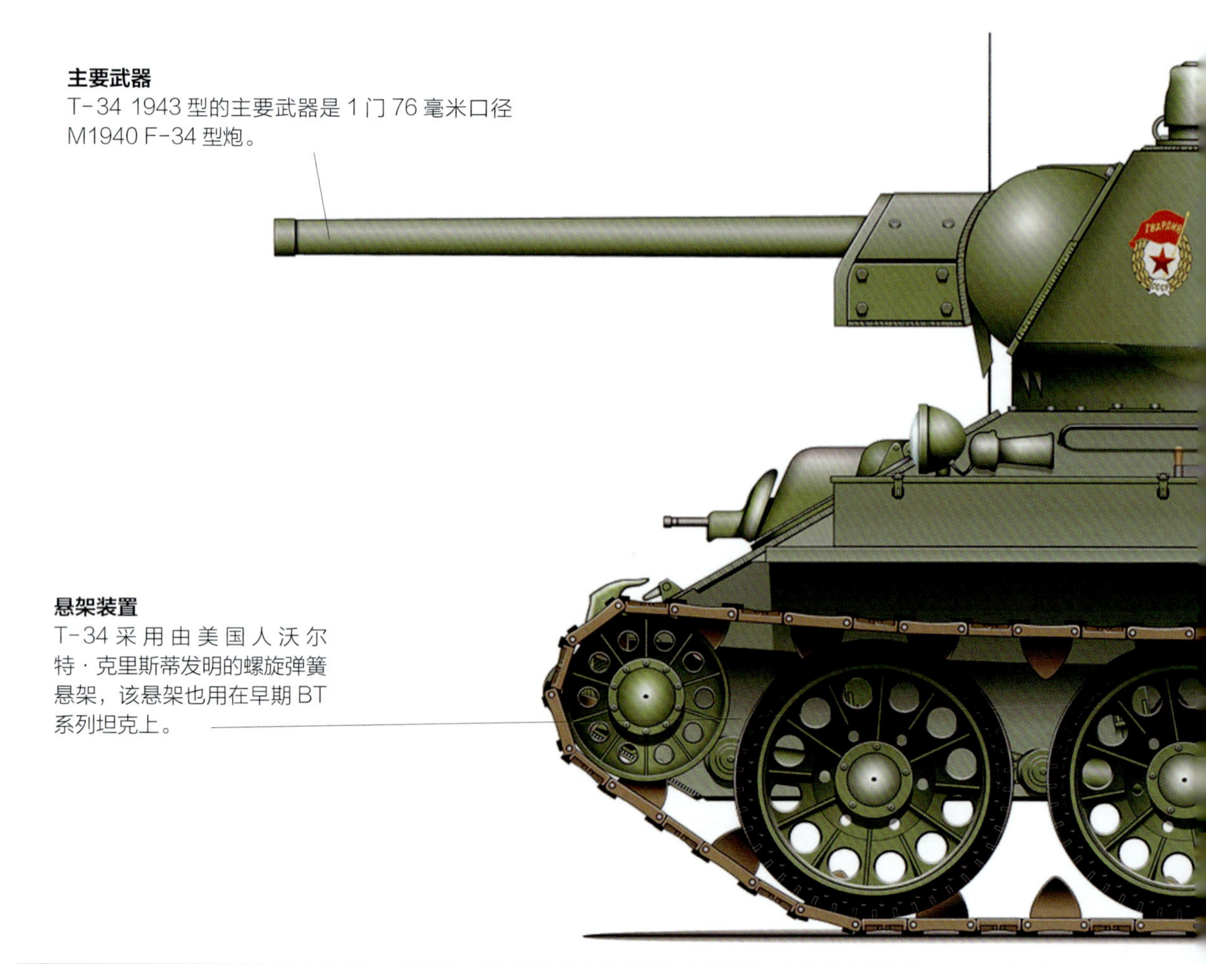

主要武器
T-34 1943 型的主要武器是 1 门 76 毫米口径 M1940 F-34 型炮。

悬架装置
T-34 采用由美国人沃尔特·克里斯蒂发明的螺旋弹簧悬架，该悬架也用在早期 BT 系列坦克上。

制它的目的是取代过时的 T-26 和 BT 系列坦克，但 T-34 中型坦克无疑继承了苏联坦克家族的特性。炮塔前部圆滑的线条和低矮的轮廓，安装了倾斜装甲，这一设计理念将在随后几十年成为苏联坦克的标准。

战时的突破

虽然 T-34 坦克延续了早期苏联坦克的设计，但它将机动性、火力和装甲等要素综合在一起，达到了一个新的境界。它采用 V-2-34 型 38.8 升 12 缸柴油发动机，功率为 375 千瓦，能使 26.5 吨重

当红军在 1944 年和 1945 年向西追击德军，冲向柏林时，久经考验的克里斯蒂悬架使 T-34 中型坦克成为理想的武器，实施战场机动，跨过广袤的草原。

炮塔
早期的 T-34 上装有一个非常小的炮塔，1943 型则安装了一个更大的圆柱形铸造炮塔，为乘员提供了更大的空间，因此深受欢迎。
发动机
T-34 安装了 1 台 V-2-34 型 38.8 升 12 缸柴油发动机，功率为 375 千瓦。

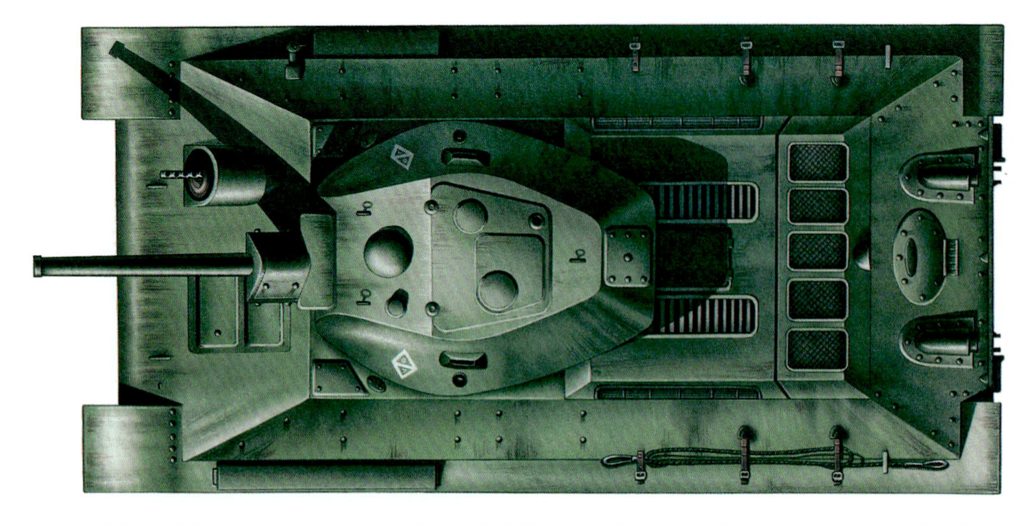

一辆 T-34 1942 型的俯视图。T-34 1942 型有一个铸造双人炮塔。1942 型和 1943 型的最主要区别是后者的炮塔更大。所有型号的车体和底盘基本上都是相同的。

的 T-34 达到 53 千米 / 时的最高速度。T-34 保留了早期的 BT 系列坦克的克里斯蒂悬架，该悬架已经被证明拥有出色的越野性能。装甲厚度从车体底部的 15 毫米到炮塔正面的 60 毫米。车体装甲倾斜布置提高了防护能力，能减少被炮弹击穿的概率，有时还能使炮弹“反弹”。

技术参数：

尺　　寸：	车长：6.68 米 车宽：3 米 车高：2.45 米
重　　量：	26.5 吨
发 动 机：	1 台 V-2-34 38.8 升 12 缸柴油发动机，功率为 375 千瓦
速　　度：	53 千米 / 时
武　　器：	主要武器：1 门 76.2 毫米口径 ZIS5 F34 型炮 辅助武器：2 挺 7.62 毫米口径 DT 机枪
装　　甲：	15~60 毫米
续驶里程：	400 千米
乘 员 数：	4 人

4 名乘员包括车长、驾驶员、装填手和炮长。早期，T-34 坦克配备了 76.2 毫米口径 ZIS5 F34 型火炮。同老式坦克一样，车长仍需要负责操作火炮。T-34 坦克缺少电台，只有指挥型安装了电台，其他型号仍然靠旗语沟通。T-34 坦克的内部拥挤，对于乘员来说极为痛苦，这制约了作战效能的发挥。以驾驶员为例，独自位于车体前部。在早期生产的 T-34 坦克上，驾驶员的视线受到了极大限制。

1944 年初，苏军在 T-34/85 坦克上进行了一些改进，如更宽敞的三人炮塔，将车长从操作火炮中解脱出来。新安装的 85 毫米口径 ZIS-S-53 火炮，使苏联坦克能在较远的距离上与配备了 75 毫米和 88 毫米口径炮的德国黑豹和虎式坦克对抗。ZIS-S-53 型炮对苏联军队的战术产生了巨大影响，红军坦克的车长们不再需要迅速接近德国坦克，以使他们的火炮处于有效射程内。但是在 T-34/85 坦克上仍然缺少一个旋转炮塔吊

在开往前线途中，3 辆 T-34 中型坦克正在做短暂休息，舱门打开，坦克的外形轮廓与贫瘠的土地形成巨大反差。T-34 坦克压倒性的数量优势和良好的性能，决定了东线战场上的德军注定被击败的命运。

篮——炮长和装填手在战斗中可以站在上面，这影响了火炮的射击速度。

数量的威力

第二次世界大战中，苏联工厂总共生产了 57000 辆 T-34 中型坦克，考虑到德国于 1941 年 6 月 22 日开始的“巴巴罗萨”计划对苏联重工业设施的破坏，以及大量的设施被拆卸、运送到乌拉尔山脉以东安全地区，这是一个非凡的成就。战争期间，超过 22500 辆 T-34/85 坦克下线，并且生产所需的工时都削减了一半。此外，还大幅度减少了单台装备生产的总费用。在争夺伏尔加河畔的斯大林格勒的关键战役中，据说一些坦克驶下工厂的生产线就直接投入到对抗德军的战斗中。苏军的战术素养在慢慢提高，大量的 T-34 坦克损失在对抗德国装甲和反坦克武器上，但红军总能弥补战斗中遭受的巨大损失，这是德国难以望其项背的。结构复杂的德国虎式和黑豹坦克饱受机械故障的折磨，生产费用高，并且在数量上从未充足到维持一场持久战。

T-34 的变型车包括自行突击炮、喷火坦克、坦克架桥车和抢救 / 抢修车。T-34 一直生产到 1958 年，最终总共生产了 84000 辆。苏联对 T-34 的升级改造一直持续到 20 世纪 60 年代。直到今天，据说仍有少量 T-34 在继续服役。

吃惊的德国坦克兵

当苏联 T-34 中型坦克抵达东线后，德国坦克对战场的长期统治被终结了。德国人被 T-34 坦克大威力的 76.2 毫米口径炮——后来升级到 85 毫米，以及速度和越野机动性震惊了。

当古德里安将军指挥的德国第 2 装甲集群首次在战斗中遭遇 T-34 坦克时，他写道：“数量众多的 T-34 坦克参加了战斗，给德国坦克造成了重大损失。在此之前，我们一直在坦克上处于优势地位，然而现在情况逆转了，其结果就是取得迅速而具有决定性的胜利的前景日益暗淡。对于这种新情况，我做了一个报告，我简短地描述了 T-34 坦克相对于四号坦克所具备的明显优势，得到的结论就是，我们未来坦克的生产必须有所改变。”

虎式坦克（1942）

作为第二次世界大战期间最令人生畏的坦克，强大的虎式坦克的生产持续了两年，仅仅生产了1300余辆。

20世纪30年代末，当四号坦克开始生产时，研制下一代坦克的计划就已经开始了。德国军备局在1941年初发布了36.5吨坦克的技术规范，亨舍尔公司随即起动了研制工作，并且在较短的时间内开发出原型车。然而，在同年5月，德国军备局突然发布了一种更大的坦克——45.7吨的庞然大物的技术规范，于是36.5吨坦克的研制工作停了下来。

这种新式坦克最具创新性的一点，就是要求安装由88毫米口径高射炮改装而来专供坦克使用的火炮。当88毫米口径炮被用来对付坦克，而不是飞机时，作为“坦克杀手”的它已是名声在外

主要武器

88毫米口径KwK 36 L/56型炮安装在虎式坦克的炮塔上，它由一种非常成功的高射炮改进而成。这种高射炮曾经临时用于反坦克。

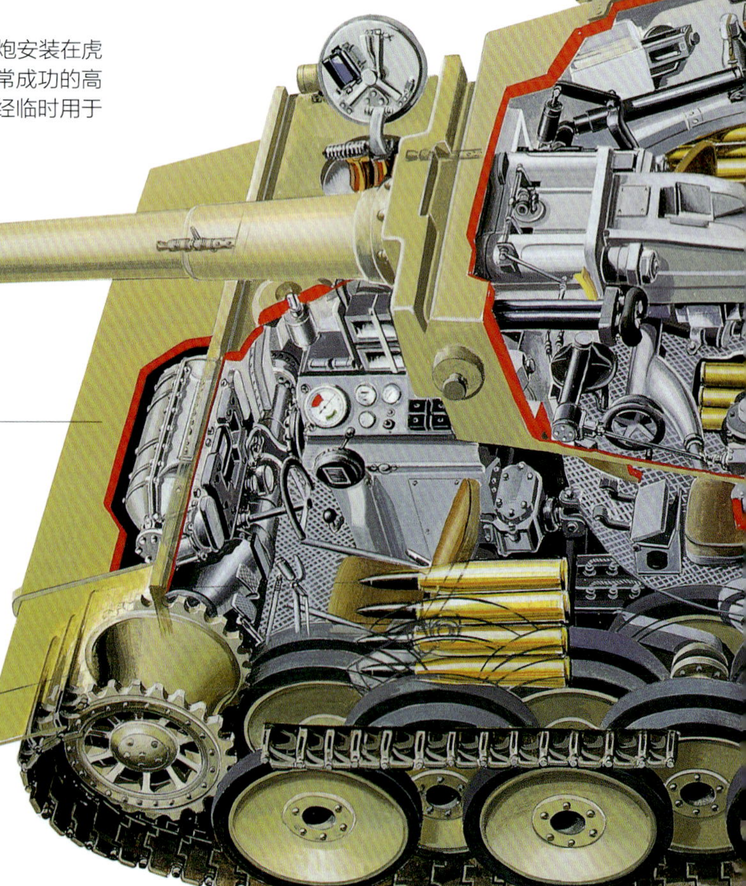

装甲防护

虎I坦克的车体前部和炮塔处装甲厚度分别为100毫米和120毫米，大幅超过其他德国坦克。盟军的许多反坦克武器都无法穿透虎式坦克的装甲。

虎I坦克体积巨大，重量大幅超过了最初的技术规范，它的88毫米口径炮能在盟军坦克的射程之外将其击毁。

了。亨舍尔和保时捷两家公司的原型车生产都在顺利推进，他们被告知必须为 1942 年 4 月 20 日希特勒生日那天的展示做好准备。

亨舍尔公司借鉴了 36.5 吨坦克的原型车设计，在其基础上研制出 VK4501（H）。保时捷公司则采用新设计方案设计，研制出 VK4501（P）。两种坦克都按时向希特勒进行了展示。1942 年 8 月，亨舍尔的设计被选中，并重新命名为 PzKpfw VI，即虎 I 坦克。在亨舍尔公司开始投产虎 I 的同

虎 I 坦克能根据路况来选择不同的履带。越野行驶的履带较宽，能够降低对地面的压强，提供更好的机动性。

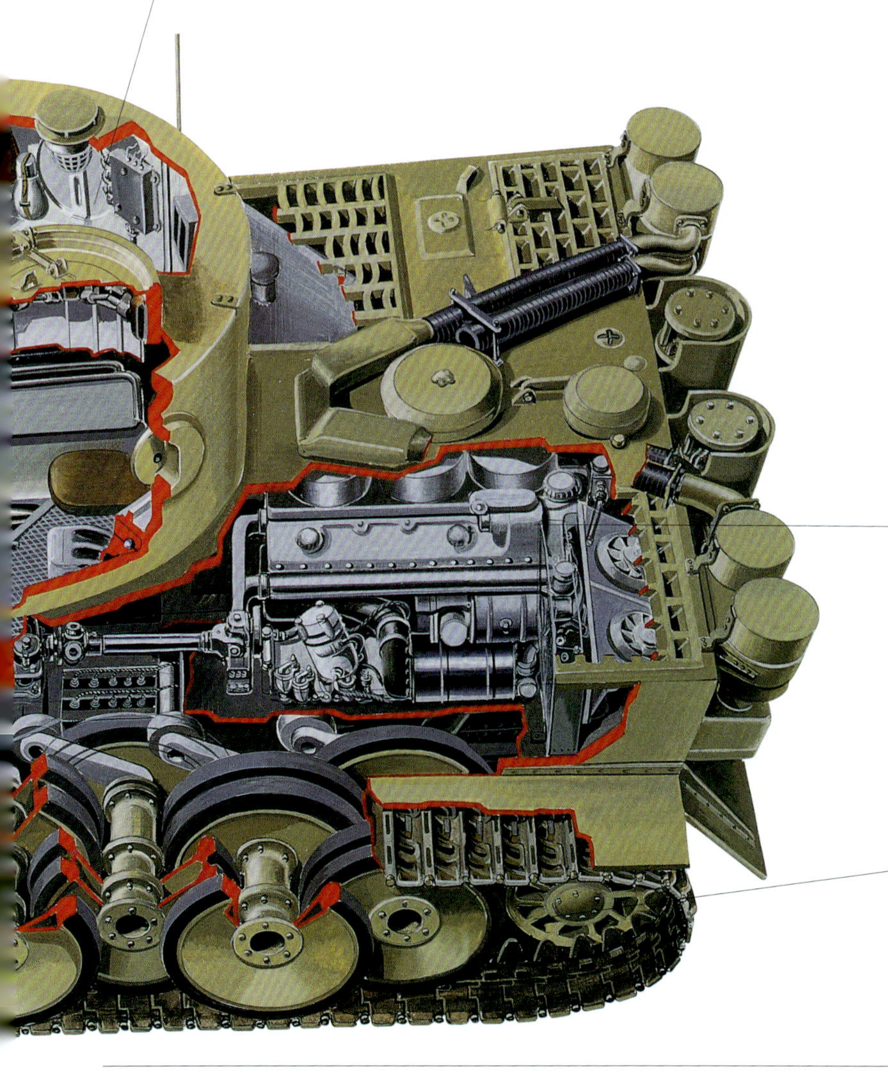

炮塔
虎 I 坦克的三人炮塔重 9.9 吨，炮长位于左侧靠前的位置，装填手位于右侧后部，车长在炮长的后方。

发动机
首批 250 辆虎式坦克搭载，12 缸迈巴赫 HL 210 P45 发动机，后续批次换装迈巴赫 HL230 P45 发动机，功率为 522 千瓦。

悬架装置
虎 I 坦克的扭杆悬架，包括车体每侧带交错负重轮的 8 根扭杆。负重轮的直径为 800 毫米，承受着坦克的巨大重量。这些机构需要时常维护。

时，保时捷公司也获得了90辆坦克的订单，以防亨舍尔的设计在测试中出现意外。后来，这些坦克被改装成费迪南坦克歼击车，得名于公司创始人费迪南·保时捷博士。

虎式坦克的履带

虎式坦克于1942年8月投入生产，在接下来的2年中仅生产了1350辆。尽管如此，到1944年8月生产结束时，虎式坦克已经赢得了良好的声誉。然而，虎式坦克的结构过于复杂，生产时必须遵循极其严格的技术规范，这导致生产技术问题频发，生产成本也相当高，是四号坦克的两倍。

虎Ⅰ坦克重56.9吨，由迈巴赫公司的HL230 P45 12缸汽油发动机驱动，功率为522千瓦。三人炮塔重9.9吨，安装了威力巨大的88毫米口径Kwk 36 L/56型炮。通过一套精密的光学设备来进行瞄准和射击，这使该炮在经验丰富的坦克兵手中更具杀伤力。在炮塔内部，炮长位于前部靠左的位置，车长在其后方，装填手位于另一侧的折叠座椅上，面朝后方。驾驶员和电台操作手/机枪手位于车体前方，变速器位于他们之间。辅助武器包括2挺7.92毫米口径MG 34机枪，一挺同轴安装在炮塔内，另一挺安装在车体的球形枪座上。

虎式坦克采用扭杆悬架，两侧的扭杆数相等，每侧8根。在实际使用中，交错负重轮有时会引发一些影响坦克机动性的问题。负重轮之间经常被岩石、泥土和碎屑堵塞，有可能卡死。在零摄氏度以下的温度环境中工作也十分困难，因为虎

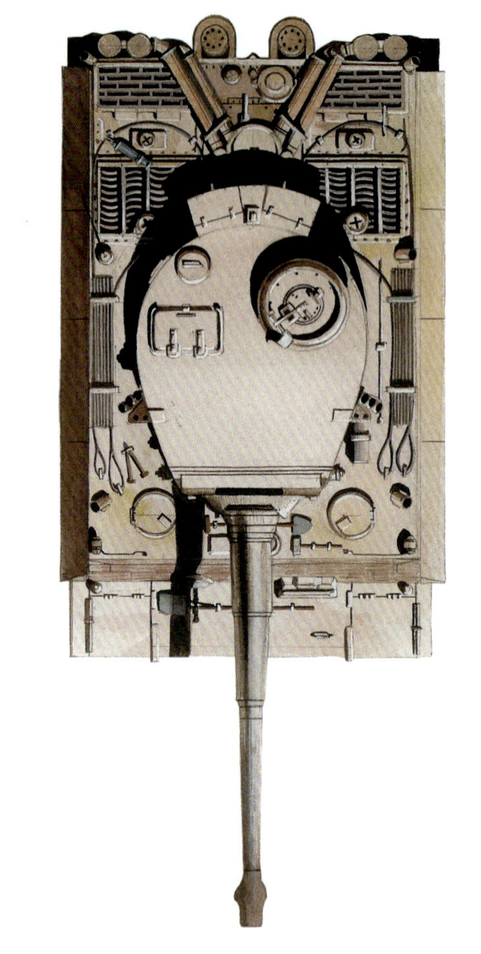

在2年内，德国仅完成了1350辆虎Ⅰ坦克的生产工作，这主要源于生产工艺过于复杂。一辆虎式坦克的生产成本是四号坦克的两倍。

技术参数：

尺　　寸：	车长：8.45米 车宽：3.7米 车高：2.93米
重　　量：	56.9吨
发 动 机：	1台迈巴赫HL230 P45发动机，功率为522千瓦
速　　度：	38千米/时
武　　器：	主要武器：1门88毫米口径KwK 36 L/56型炮 辅助武器：2挺7.92毫米口径MG 34机枪
装　　甲：	25~120毫米
续驶里程：	140千米
乘 员 数：	5人

虎式坦克没有经过充分的试验和战场测试就装备了部队。早期的虎式坦克很容易发生机械故障，尤其是迈巴赫发动机、复杂的交错负重轮和扭杆悬架。

式坦克的履带和负重轮在泥浆中粘上泥块后经常被冻住，导致彻底无法行驶。当坦克在道路上行驶时，使用宽度为 515 毫米宽的履带；越野行驶时，更换为 715 毫米宽的履带。

波卡基村的胜利

第二次世界大战期间，虎式坦克对盟军坦克实现了 6:1 的交换比。强大的火力和厚重的装甲使虎式坦克能够在安全距离上击毁敌方车辆，并且能够抵御大多数盟军反坦克武器的攻击。尽管有一些缺点，但在战斗中它是一种致命的武器。正如 1944 年 7 月 13 日武装党卫军上尉米歇尔 · 魏特曼在法国村庄波卡基所证明的那样：

在几分钟内，隶属于武装党卫军第 101 重装甲营的魏特曼，指挥一辆虎式坦克击毁了英国第 22 装甲旅的 13 辆坦克、2 门反坦克炮和 15 辆人员输送车。

关于战斗经过的描述各不相同，但是这一事实直到今天仍然是无可争议的。虎式坦克在第二次世界大战的战场上几乎没有敌手。魏特曼——宝剑橡叶骑士铁十字勋章的获得者，在完成这项惊人壮举的两个月后阵亡。他是唯一 一个使用虎式坦克取得击毁敌方 100 辆坦克战绩的德国军官。

战场上的使用

虎式坦克首次参加实战是在 1942 年 9 月东线战场上的列宁格勒附近。1942 年年底，虎式坦克参加了北非战场上发生在突尼斯拉巴镇附近的战斗。由于德国人将东线战场放在优先地位，并且德国运输船队遭到了地中海盟军飞机、军舰和潜艇的拦截，实际上仅有极少量虎式坦克运抵北非。

由于希特勒的施压和战争的紧迫需求，虎式坦克在某种程度上过早地投入了使用。它在服役生涯初期饱受机械问题的困扰。一些报告表明，相对于车身尺寸，虎式坦克的发动机功率明显不足，这进一步阻碍了它进行有效机动。虎式坦克太重了，且车底离地间隙过小，以至无法通过复杂地形。

长途机动时，虎式坦克会被装到铁路平板车上，这是一项极为困难且耗时的工作。除去上述缺点和问题，虎式坦克的基本设计是相当出色的。它将恐惧深深地烙印在遭遇到它的盟军士兵心中，进而成为第二次世界大战的标志性武器之一。

1943 年，东线战场上某地，武装党卫军装备的虎 I 坦克正向前推进，驶过一片冰雪覆盖的森林。

M4A4“谢尔曼”中型坦克（1942）

美国 M4 中型坦克，又称“谢尔曼”坦克，在第二次世界大战战场上大量使用，它在北非和西欧战场上战胜了技术更为先进的德国坦克。

M4 中型坦克使用广泛，是第二次世界大战期间除了苏联 T-34 坦克以外生产数量最多的坦克。M4 中型坦克以其良好的性能和绝对的数量优势，使得胜利的天平向同盟国一方倾斜。从 1941 年到战争结束，美国工厂共生产了大约 53000 辆“谢

装甲防护
“谢尔曼”坦克的装甲通常情况下无法抵御德国黑豹和虎式坦克发射的75毫米和88毫米口径高速炮弹。炮塔顶部的装甲厚 9 毫米，车体前部的装甲厚 50 毫米，炮塔前部的装甲厚 85 毫米。

发动机
“谢尔曼”坦克安装过好几型发动机。M4A4（如图所示）的车体被加长，以安装克莱斯勒 A57 型 30 缸汽油发动机，功率为 317 千瓦。

尔曼”坦克。20 世纪 50 年代停产后，它仍然继续在许多国家的军队中服役，时间长达半个世纪。

当 M3“格兰特 / 李”中型坦克刚刚驶下装配线时，设计师就痛苦地意识到这型坦克存在缺陷，迅速开始了其替代者的开发工作。他们的目标是研制一种中型坦克，配备 75 毫米口径炮，性能优于 M3 中型坦克，但要尽可能多地使用 M3 坦克上的零部件。1941 年 9 月，M4 坦克的原型车 T6 下线，用于开展测试评估。

巨大的产量

在仅仅几个月内，美军就完成了“谢尔曼”坦克的设计、生产和装备部队等一系列工作，这一过程展示出美国军工业的巨大潜能。这些坦克不仅装备了美国军队，还通过租借法案提供给英国和其他同盟国，他们装备有上千辆“谢尔曼”坦克。

辅助武器
M4 中型坦克配备了 1 挺 12.7 毫米口径勃朗宁机枪用于防空，2 挺 7.62 毫米口径勃朗宁 M1919A4 机枪，其中一挺与主炮同轴安装在炮塔内，另一挺安装在车体前部。

主要武器
M4 坦克最初配备了 1 门 75 毫米口径炮，但其初速不足以穿透一些德国坦克的装甲。后来换装 1 门 76 毫米口径炮或英国 76.2 毫米口径 QF 炮，火力得到了提升。

弹药贮存
M4A4 最多可以携带 90 发 75 毫米口径弹药，储存在湿式弹药架中，能够减少车体被击中后弹药发生殉爆的可能性。

美国 M4 中型坦克，通常也称“谢尔曼”坦克，为追求速度牺牲了装甲防护。尽管它面对德国坦克和反坦克武器时的火力显得十分脆弱，但是它产量巨大，为同盟国取得第二次世界大战的胜利做出了巨大的贡献。

M4A4“谢尔曼”坦克采用了克莱斯勒 A57 发动机，增大了负重轮的间距以增大驱动力。M4A4 的车体长 280 毫米，比其他“谢尔曼”的变型车都要长。

M4坦克是在M3坦克的基础上研制而成的。它们的底盘总体布置形式和行走机构都很相似。两者最大的区别在炮塔上，M4坦克的炮塔为整体铸造，圆弧过渡，尺寸上比M3的炮塔要大得多。M4坦克的主要武器是一门75毫米口径炮，可以发射穿甲弹、榴弹等。

技术参数：

尺　寸：	车长：6.06米 车宽：2.9米 车高：2.84米
重　量：	31.62吨
发动机：	1台克莱斯勒A57型汽油发动机，功率为317千瓦
速　度：	47千米/时
武　器：	主要武器：1门75毫米口径M3 L/40炮 辅助武器：2挺7.62毫米口径勃朗宁M1919A4机枪；1挺12.7毫米口径勃朗宁M2HB机枪
装　甲：	9~85毫米
续驶里程：	公路：160千米 越野：100千米
乘员数：	5人

1942年秋，在北非战场上具有决定意义的阿拉曼战役中，英国军队装备的“谢尔曼”坦克参加了战斗，它很快就证明了75毫米口径M3 L/40炮能够对付德国非洲装甲军团的三号和四号坦克。然而，当面对新一代的黑豹和虎式坦克时，该炮就显得威力不足了。其炮口初速太低，无法穿透这些坦克厚厚的装甲。因此，美军的“谢尔曼”换装了一种新型76毫米口径炮，而英国人则将76.2毫米口径QF炮装到了“谢尔曼”坦克上，产生了一种绰号叫“萤火虫”的变型车。

由于轮廓高大，车高近3米，“谢尔曼”坦克很容易被发现。尽管其车体装甲有一定倾角，但对于德国的坦克和反坦克炮手来说，在开阔地它仍然是一个高大显眼的目标。除了数量优势以外，“谢尔曼”坦克还有机动上的优势，其最高行驶速度可达47千米/时。

然而，速度高的部分得益于其较薄的装甲，其装甲厚度为9~85毫米，不足于对付德国黑豹和虎式坦克配备的莱茵金属公司的75毫米和88毫米口径炮。这两种炮都能在盟军坦克75毫米口径炮的射程之外对“谢尔曼”坦克发出致命一击。

成群的“谢尔曼”

尽管在坦克对坦克的战斗中处于劣势，但“谢尔曼”最终赢得了这场消耗战。因为美国能够通过大量生产来弥补损失，而德国由于坦克结构过于精密复杂，对生产有较高要求，产能无法填补损失。数量最终战胜了质量。“谢尔曼”坦克手发明了有效的战术来对付德国的重型坦克。例如，一个坦克排4辆“谢尔曼”坦克从不同方向，利用速度机动到敌方坦克薄弱的后部。在此过程中，可能会牺牲一辆或多辆“谢尔曼”坦克，但是最终敌坦克也会被消灭。

众多型号

战争期间，“谢尔曼”坦克得到不断改进。许多变型车在同时生产，坦克的型号从 M4A1 一直连续编制到 M4A4，但是这并不意味着后一种型号比前一种型号先进。这些生产型号间的不同，主要是采用了不同的动力装置。其中，包括莱特“旋风”系列发动机、大陆公司的 R975、卡特彼勒 9 缸柴油机、通用动力 6-71 柴油机、福特 GAA III 和克莱斯勒 A57。M4A4 的车体加长到 280 毫米，以便容纳克莱斯勒发动机，其负重轮之间的距离加大，以获得更大的驱动力。其他的变型车包括：M4A1，其车体是整体铸造的，而不是采用铸造和焊接混合结构；M4A3 用水平螺旋弹簧悬架系统替换了垂直螺旋弹簧悬架系统。总体而言，“谢尔曼”坦克是一种性能可靠，便于大量生产的中型坦克。尽管存在诸多缺点，但 M4 坦克最终成为战争的胜利者。

各式各样的“谢尔曼”坦克

也许，除了英国的“丘吉尔”坦克以外，再没有其他第二次世界大战期间生产的坦克的底盘能像美国 M4 中型坦克一样，被改装成如此之多的特种车辆。“谢尔曼”坦克的基型车有 5 名乘员，包括车长、驾驶员、装填手、炮长和副驾驶 / 机枪手。3 名乘员在炮塔内，驾驶员位于车体前部靠左，副驾驶在他右侧。

伴随特种坦克的是受过特殊训练的乘员。“谢尔曼”的变型车用途广泛，包括两栖（DD）坦克——能够涉水驶上滩头为步兵提供支援，还有弹药输送车、扫雷坦克、喷火坦克和抢救车。在太平洋战场上，“谢尔曼”坦克优于任何一种日本坦克。

在下面的照片中，美国步兵紧靠在一辆“谢尔曼”坦克的一侧，小心翼翼地通过一个法国小村庄。注意，这辆“谢尔曼”坦克车体前部附加了一个类似犁的装置，用来清除法国村庄的灌木篱墙。

“黑豹”坦克（1943）

在解决了早期的机械问题后，配备 75 毫米口径高速火炮的“黑豹”坦克成为第二次世界大战期间综合性能最好的坦克。

尽管研制一种用来替换四号坦克的中型坦克的工作从 1937 年就已经开始，但直到 1941 年末苏联 T-34 坦克在东线战场上出现以后，研制的步伐才得以加快。许多顶级的德国制造商，包括亨舍尔、保时捷、戴姆勒 -奔驰和奥格斯堡 -纽伦堡机械工厂股份公司（MAN），都在不同的时间提交了设计方案。

发动机
“黑豹”坦克量产型主要采用迈巴赫 HL 230 P30 汽油发动机，功率为 514 千瓦，最高速度为 46 千米/时。
弹药储存
最多可以携带 48 发 75 毫米口径弹药，弹药储存在车体内部两侧的弹药架上。通常情况下，炮塔内部不会存放弹药。

最后，亨舍尔和保时捷的设计发展为虎式坦克，而戴姆勒 -奔驰公司和 MAN 公司则竞争德国武器局的中型坦克合同。合同的具体要求是，配备一门长身管 75 毫米口径 KWK 42L/70 加农炮，安装足够厚的倾斜装甲，采用大负重轮和宽履带

以提高机动性能，同时还要将重量限制在规定范围内。

“黑豹”的生产过程

1942 年春，经过多次审定，MAN 公司的设计方案获得德军认可，被命名为 VK 3002。同年 9 月，在“黑豹”坦克的第一辆原型车完成生产后，20 辆原型车的生产计划被取消，量产型（即 D 型）于 11 月开始生产。德军希望在 1943 年初能有少量新坦克投入战场，因为他们迫切需要一种能够对抗 T-34 的坦克。

1943 年 1—9 月，共计生产了 842 辆 D 型黑豹坦克，分别由 MAN、戴姆勒 -奔驰、亨舍尔

采用了宽履带、重叠式负重轮和双扭杆悬架的“黑豹”坦克，在地形复杂地区也可以高速行进。

炮塔

“黑豹”坦克还在接受评估的过程中，一种三人炮塔就已经研制出来。后来，对炮塔进行了一些修改，包括在后期型号上增加了一个车长指挥塔和一个 MG34 高射机枪枪架。

主要武器

“黑豹”坦克的主要武器是 1 门由莱茵金属 -博尔西希公司生产的长身管 75 毫米口径 KwK 42 L/70 高速火炮。

装甲防护

“黑豹”D 型的装甲厚度达到 80 毫米，倾斜角度为 55 度，以更有效地保护 4 名乘员。两侧装甲的厚度从 40 毫米到 50 毫米不等。

和下萨克森公司装配。原型到生产型之间的时间间隔过短引发了一系列问题。1943 年 7 月，在围绕着库尔斯克突出部一系列残酷的战役中，D 型“黑豹”参加了战斗，结果表现不佳。“黑豹”坦克的损失更多是由于机械故障，而不是敌方的火力。海因茨·古德里安将军一针见血地评价道：“它们很容易燃烧，燃油和机油系统防护不足，此外由于缺乏训练损失了大量乘员。”

迅速走向成熟

残酷的战斗暴露出“黑豹”坦克的弱点，包括传动装置经常出故障，机油和汽油泄漏导致乘员舱起火，发动机容易过热并且轴承和连杆存在问题等。好在，就当官兵们对早期生产的“黑豹”坦克的信心降到最低点时，大部分问题最终得到了解决，这使“黑豹”坦克在一些老牌装甲部队中变得相当受欢迎。

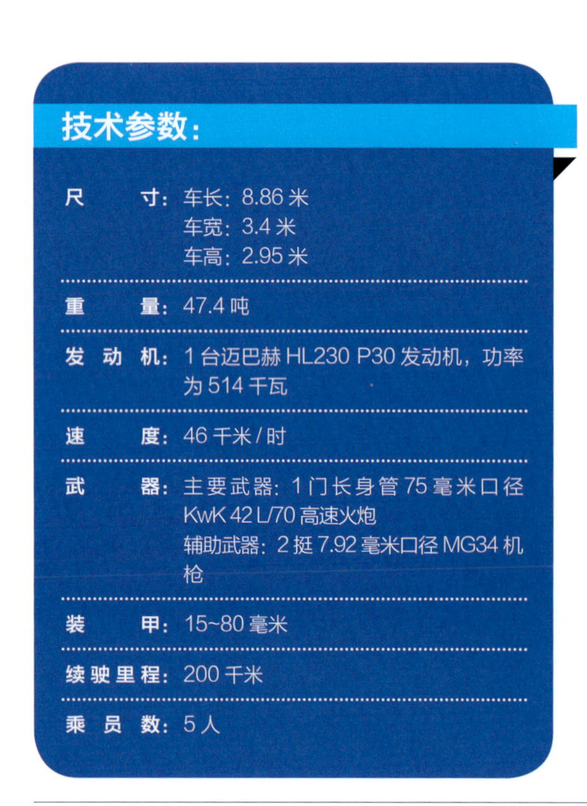

技术参数：

尺　　寸：	车长：8.86 米 车宽：3.4 米 车高：2.95 米
重　　量：	47.4 吨
发 动 机：	1 台迈巴赫 HL230 P30 发动机，功率为 514 千瓦
速　　度：	46 千米 / 时
武　　器：	主要武器：1 门长身管 75 毫米口径 KwK 42 L/70 高速火炮 辅助武器：2 挺 7.92 毫米口径 MG34 机枪
装　　甲：	15~80 毫米
续驶里程：	200 千米
乘 员 数：	5 人

1943 年 8 月，开始生产 A 型“黑豹”坦克，这种编号顺序相当怪异，该型生产了近 2200 辆。装甲防护从 D 型的最厚 80 毫米增加到 120 毫米，坦克的重量也随之增加。产量最大的“黑豹”改进型是 G 型，改进了排气系统，在车体上部采用

1944 年夏，西线战场上，盟军坦克遭遇到德国“黑豹”坦克，它的长身管 75 毫米口径高速火炮给盟军留下了深刻的印象。诺曼底登陆后，A 型大量部署到法国。

了倾斜装甲，并且安装了旋转潜望镜以改善驾驶员的视野。Ausf G 型于 1944 年春开始生产，到战争结束时，生产了近 3000 辆。

黑豹坦克的动力装置最初采用迈巴赫 HL210 P45 汽油机，后来改为 V-12 迈巴赫 HL 230 P30 汽油机，功率为 524.5 千瓦，最高速度 48 千米 / 时，最大行程 240 千米。

有限的产量

尽管“黑豹”坦克具有极好的作战性能，但是它造价高昂，且因结构精密而导致生产周期相当长。最初，预计每月能生产 600 辆，然而实际上受极其复杂的机械结构和盟军不间断轰炸的影响，最高峰时也只达到每月 330 辆。到 1945 年春，仅生产了大约 6000 辆“黑豹”坦克。

少量的“黑豹”坦克被改装成坦克歼击车，即著名的“猎豹”坦克歼击车。其他一些则改装成指挥、侦察和抢修等车辆，“黑豹”坦克被证明是非常有战斗力的坦克。战后，“黑豹”坦克在许多国家的军队中继续服役。最后一次报道是叙利亚军队在 1967 年的“6 日战争”使用过“黑豹”坦克。第二次世界大战期间，尽管“黑豹”坦克的战绩不俗，但绝对的数量优势使胜利的天平偏向了盟军一方。

如同许多高级军官回忆的那样，“黑豹”坦克的车长和驾驶员从舱口探出身子。注意其外部防磁装甲涂层、乘员身着的黑色装甲兵制服和安装在车长指挥塔上的高射机枪。

潜行“捕猎”的“黑豹”坦克

第二次世界大战期间，“黑豹”坦克的王牌车长是武装党卫军四级小队长恩斯特·巴克曼。1944 年 7 月底的一天，已经荣誉等身的坦克手巴克曼，将他的“黑豹”坦克停在法国村庄勒洛雷附近的一片茂密的橡树林中，他将要完成的这项任务证明了“黑豹”坦克是一种冷酷高效的战争机器。当由 15 辆“谢尔曼”坦克和其他辅助车辆组成的一列纵队到来时，巴克曼正等待着合适的开火时机。

很快，巴克曼就摧毁了领头的两辆“谢尔曼”坦克，然后摧毁了位于纵队最后的一辆油罐车。当其他“谢尔曼”坦克试图推开被击毁的坦克展开队形准备战斗时，巴克曼又摧毁了 7 辆坦克和一些保障车辆。巴克曼的“黑豹”坦克在随后的空袭中受损，但是他设法安全地撤到莱夫伯格（Neufbourg）。由于在这次战斗中表现英勇，他获得了剑十字勋章。

KV-85 重型坦克（1943）

KV-85 重型坦克于 1943 年开始生产，尽管产量很少，但它作为过渡型号联系着老式 KV 系列坦克和在卫国战争中为胜利铺平了道路的“约瑟夫·斯大林”（IS）系列坦克。

苏联 KV 系列重型坦克从 20 世纪 30 年代末开始研制，用来取代行动缓慢、性能落后且可靠性差的多炮塔 T-35 重型坦克。KV 系列坦克以苏联国防部长克利缅特·叶夫列莫维奇·伏罗希洛夫（1881—1969 年）的名字命名。它标志着苏联坦克抛弃了早期的多炮塔设计，为接下来半个世纪的坦克研发和生产奠定了基础。

配备一门 76.2 毫米口径炮的 KV-1 重型坦克成为红军主要的突击坦克。随着 1941 年 6 月 22 日德国入侵苏联，KV-1 经历了多次升级和改进，包括加强装甲防护和改进炮塔，炮塔由最初的装甲板焊接方式改为更坚固的铸造方式。

主要武器
KV-85 的主要特点是采用了 85 毫米口径 DT5 加农炮，其威力明显大于安装在 KV-1 上的 76.2 毫米口径炮。

装甲
KV-85 的装甲采用独特的倾斜布置方式以提高防护效果，装甲厚度从 40 毫米到 90 毫米不等。后来的“约瑟夫·斯大林”系列坦克的装甲更厚。

当现有的 KV-1 坦克明显无法对抗德国重型坦克时，KV-85 坦克迅速投入生产。同时，苏联设计和制造团队匆忙开始研制“约瑟夫·斯大林”（IS）系列坦克。

当德国坦克在尺寸和火力上均显著增强后，来自战场的报告表明，KV-1 坦克上的 76.2 毫米口径炮在坦克对坦克的战斗中已经处于弱势。因此，苏联进行了很多尝试，以提高坦克炮的性能。安装 107 毫米口径炮的实验项目最终被放弃，而将 152 毫米口径炮安装在一个增大的炮塔上的尝试，即 KV-2 项目，最终也以失败告终。

IS-85 的炮塔和火炮加上 KV-1S 重型坦克的底盘，造就了作为权宜之计的 KV-85。1944 年秋，KV-85 少量装备东线战场的苏军。

炮塔
KV-85 的炮塔实际上采用了全新的设计，它最初是为 IS-85 设计和制造的。IS-85 是苏联新一代 IS 系列重型坦克中的一型。

发动机
12 缸 V-2K 柴油发动机的功率对于 43 吨的 KV-85 坦克已经足够。该坦克最高速度为 42 千米 / 时。

填补空缺

与此同时，苏联坦克设计师全力投入到新型重型坦克的研制工作中，即“约瑟夫·斯大林”（IS）系列重型坦克。然而，完成 IS 系列重型坦克的设计并开始生产仍需要较长时间，苏军必须采取临时措施来应对东线战线出现的德国“黑豹”中型坦克和虎式重型坦克。

此时，最为实际的解决方法是将 IS-85 重型坦克的炮塔安装到 KV-1s 坦克的底盘上。IS-85 坦克配备一门 85 毫米口径 DT5 型炮，该炮最初作为防空武器使用。KV-1S 坦克是 KV-1 的变型车，采用了较小的炮塔和较薄的装甲，以提高速度和机动性。KV-1S 的炮塔首次安装了 360 度观察装置，为车长提供了全向视野。

起初，这种“杂交”而成的重型坦克被称为 239 工程，最终被命名为 KV-85。KV-85 的主炮是由牵引式高射炮改装而来的，并且已经安装到 T-34/85 中型坦克和 SU-85 坦克歼击车上，经过了战火的检验。1943 年，KV-85 的生产工作持续进行，但最终仅生产了 148 辆。导致 KV-85 坦克生产率低的一个主要因素是 DT5 型炮身兼多职，产能难以满足需求。到了 1944 年春，IS-2 重型坦克开始生产，这使得 KV-85 坦克处

1943—1944 年短暂的生产期内，苏联仅生产了 148 辆 KV-85 坦克。然而，KV-85 却扮演了一个重要的过渡性角色，在 KV 系列坦克和性能优异的 IS 系列重型坦克之间起到了承前启后的作用。

技术参数：

尺　　寸：	车长：8.6 米 车宽：3.25 米 车高：2.8 米
重　　量：	43 吨
发 动 机：	1 台 V-2K V12 柴油发动机，功率为 448 千瓦
速　　度：	42 千米 / 时
武　　器：	主要武器：1 门 85 毫米口径 DT5 型炮 辅助武器：2 挺 7.62 毫米口径 DT 机枪
装　　甲：	40~90 毫米
续驶里程：	330 千米
乘 员 数：	4~5 人

于尴尬境地，因此其生产工作事实上已经停止了。

临时替代品的技术规格

与 KV-1 坦克一样，KV-85 坦克共有乘员 4 人，包括车长、驾驶员、机电员和炮长。某些情况下车内还会增加第五名乘员。如同其他苏联坦克，KV-85 的车长在狭窄的双人炮塔内还要负责操作火炮，这极大限制了他指挥坦克作战的精力。辅助武器包括 2 挺 7.63 毫米口径 DT 机枪，一挺装在车体上，另一挺装在炮塔内，与火炮同轴。KV-85 由一台 V-2K V-12 柴油机驱动，功率为 448 千瓦。其最高公路速度相当可观，可达 42 千米/时。

战斗中的KV-85

KV-85 坦克的战斗成绩是喜忧参半的。KV-85 坦克具有与德国同类坦克相当的火力，但装甲不足以抵御敌人的坦克炮弹和反坦克武器。在 1943 年 11 月发生在乌克兰的一次遭遇战中，第 34 近卫重型坦克团在与德国四号坦克和“黄鼠狼”坦克歼击车的交火中，损失了全部 20 辆 KV-85 坦克中的 7 辆。在第二天，剩下的 KV-85 坦克在毫发无损的情况下击退了德军的进攻。

KV-85坦克对抗“黑豹”和虎式坦克

在下图中，一辆 KV-85 坦克被当作纪念碑静静地停在那里，以纪念第二次世界大战期间英勇作战的坦克兵。许多 KV-85 坦克部署到乌克兰对抗德国装甲部队。据报道，1944 年 1 月 28 日，在捷利曼集体农庄附近，KV-85 坦克和 SU-122 坦克歼击车共消灭了 15 辆虎式坦克和 13 辆其他型号的德国坦克。

报道中这样描述：“我们的坦克和自行火炮开火，打乱了敌人的战斗队形，消灭了 6 辆坦克（其中 3 辆虎式）以及多达一个排的步兵。库列绍夫上尉的 KV-85 坦克被指派去清除德国步兵，他凭借着坦克的火力和履带完成了任务。一个坦克小组（3 辆 KV-85，2 辆 SU-122）在连长巴杜斯特上尉的指挥下保卫了捷利曼，在自身几乎没有损失的情况下给敌人造成了重大损失。”

据报道，在战斗中，有 5 辆虎式坦克、14 辆其他型号的坦克和装甲车辆，以及 6 门反坦克炮被苏军击毁。

“丘吉尔”AVRE 工程坦克（1943）

“丘吉尔”AVRE 工程坦克研制于 1943 年，是一种多种用途坦克，用于帮助工兵消除天然或人工障碍，为盟军开辟从诺曼底海滩到德国的道路。

1942 年，盟军在法国海滨小镇迪耶普实施的登陆行动，可以看作是两年后诺曼底登陆的一次失败预演。迪耶普行动表明，作战装备和与之协同作战的步兵会遇到一些难以克服的地面障碍，而且缺乏有效的解决手段。

在迪耶普，许多“丘吉尔”坦克都陷到了松软的沙土里，装甲车辆在跨越防波堤时也遇到极大困难。皇家工兵在敌人的持续火力下试图清理雷区和摧毁反坦克障碍时，遭遇到了很多困难。很明显，盟军从迪普耶行动中得到的重要教训之一，就是在全面收复欧洲大陆时必须拥有装备齐全的工兵部队。

工程作业能力

盟军在迪耶普遇到的很多问题显然在诺曼底也会遇到，而“丘吉尔”AVRE 工程坦克正是解

主要武器
“丘吉尔”AVRE 的主要武器是 1 门 290 毫米口径迫击炮，能将 18.1 千克的炮弹投向 73 米之外的敌方阵地。

“丘吉尔”AVRE 的变型车之一——圆木铺设车，它是一种创新性实验车型，通过铺设圆木来开辟一条临时道路，便于履带车辆和轮式车辆通行。西欧春天和秋天潮湿的天气经常会减缓盟军的推进速度。

决这些问题的有力工具。“丘吉尔”AVRE 的基本设计理念是在确保安全前提下运送皇家工兵，保护他们免受敌方火力——尤其是轻武器的伤害，以便顺利地完成清障工作。“丘吉尔”AVRE 配备了一门 290 毫米口径迫击炮，能够将 18.1 千克的被称为“飞行垃圾桶”的炮弹投射到 73 米之外。

“丘吉尔”AVRE 的设计方案由皇家加拿大工兵 J.J. 多诺万中尉提出，他隶属于英国坦克设计部门的特种设备分部。多诺万设想中的工程坦克，内部空间足够大，能够运送工兵、炸药和工具设备。相当宽敞的内部空间、一定的装甲防护和侧开的舱门，使得“丘吉尔”坦克成为理想的改装对象。

1942 年末，“丘吉尔”AVRE 的原型车由加拿大第 1 机械设备公司制造完成。1943 年 2 月 25 日，英军用经过改装的“丘吉尔”进行了一次

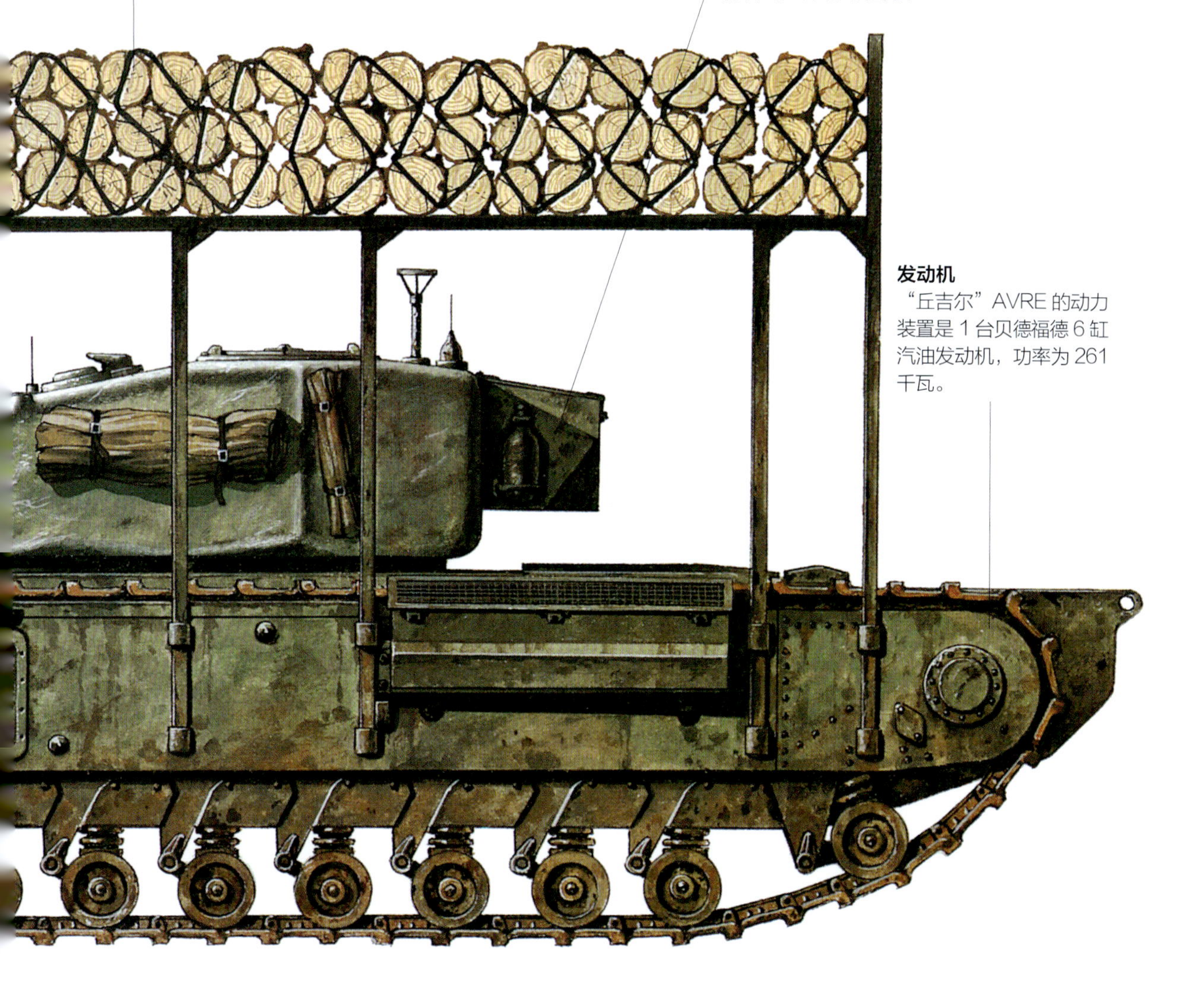

铺设圆木

“丘吉尔”AVRE 圆木铺设车能够携带 100 根直径 152 毫米、长 4.26 米的圆木。通过铁丝将圆木捆在一起，放置在车顶支架上。通过铺设圆木可以开辟一条临时道路，帮助车辆通行。

乘员室

英军对“丘吉尔”AVRE 的内部进行了改造，为皇家工兵和他们的各种装备留出了空间。它要装载各类工具、设备和炸药，以完成清除障碍、架桥等任务。

发动机

“丘吉尔”AVRE 的动力装置是 1 台贝德福德 6 缸汽油发动机，功率为 261 千瓦。

一些“丘吉尔”AVRE专门用于携带大捆的圆木。

演示。在演示期间，工兵们从“丘吉尔”坦克内出来，在混凝土墙上打了一个大洞。与此同时，大口径迫击炮也在开发之中。斯图尔特·布莱克中校设计过一种供英国本土志愿军使用的迫击炮，他将大口径迫击炮改装后供装甲车辆使用。改装后的大口径迫击炮安装在“丘吉尔”坦克炮塔的原炮位。

登陆准备

皇家工兵使用的大口径迫击炮和“丘吉尔”坦克被组合到一起，作为1944年6月6日诺曼底登陆日（D-Day）的重要工程装备。“丘吉尔”AVRE能够以多种方式为前进中的部队提供近距离工程支援。该坦克的生产工作从1943年中期开始，一直持续到战争结束。所选基型车包括由MK III到IV的各种版本“丘吉尔”坦克，共计生产了700辆。

到诺曼底登陆前，大约有180辆“丘吉尔”AVRE下线，装备了第79装甲师第1突击旅，由帕雷西·霍巴特将军指挥。组建第79装甲师的目的就是整合运用大批特种坦克，这些坦克将在登陆日和随后的日子里执行关键任务。因此第79装甲师被戏称为“霍巴特的马戏团”。

技术参数：

尺　　寸：	车长：7.44米 车宽：2.44米 车高（带坦克顶部的圆木支架）：3.45米
重　　量：	40.72吨
发 动 机：	1台贝德福德汽油发动机，功率为261千瓦
速　　度：	公路：20千米/时 越野：12.8千米/时
武　　器：	主要武器：1门“爆竹”290毫米口径迫击炮 辅助武器：1挺7.92毫米口径BESA机枪
装　　甲：	16~102毫米
续驶里程：	144.8千米
乘 员 数：	5人

“丘吉尔”AVRE圆木铺设车的顶部有一个别具匠心的架子，能够携带标准尺寸的圆木，这可能是针对临时通行需求的唯一可行解决方法。履带式车辆最适合去这些需要圆木的地区。对于用铁丝捆起的圆木捆，坦克顶部是唯一可行的安放位置。

这辆“丘吉尔”AVRE 在野外测试时展示出极强的越障能力。注意，柴束已经堆放在障碍墙下面，它能帮助坦克顺利通过障碍墙。

英军对“丘吉尔”AVRE 进行了很多改进，增加了众多的挂点，从而能运送各种各样的设备。其变型车包括：AVBE“罗宾”，它配备了一个帆布垫，缠绕在一个卷轴上，能够将帆布铺设到地面上，使车辆更顺畅地通过；AVRE 圆木铺设车，可携带 100 根 4.26 米长、直径 152 毫米的圆木，圆木通过铁丝捆绑起来，放在顶部的支架上，用于铺设临时道路；AVRE 炸药运送车；AVRE 柴束运送车能够用柴束填平沟壑和洼地，使坦克和人员顺利通过。此外，还有用于扫雷、架桥等用途的“丘吉尔”AVRE。

在战场上，“丘吉尔”AVRE 的实用性设计理念得到了充分证明，以至于该坦克退役几十年后，类似的特种坦克还在世界各地服役。第 25 装甲突击旅的“丘吉尔”AVRE 坦克参加了第二次世界大战期间的意大利战役。

合理的质疑

诺曼底登陆期间，“丘吉尔”AVRE 坦克在清除德军海滩上的据点过程中扮演了重要角色。

在“黄金”滩头，第 79 装甲师的工程坦克投入使用。AVRE“罗宾”坦克将帆布覆盖到松软的沙地和泥地上，使其他坦克和部队能够通行。与此同时，携带柴束的 AVRE 坦克用柴束填满了弹坑。在登陆开始后的一个小时内，工程坦克开辟了四条从“黄金”海滩到勒阿梅尔（Le Hamel）的道路，迫击炮击毁了大量德军阵地。最坚固的阵地位于一个疗养院附近，德国人守卫这幢建筑直到中午，它最终被几辆“丘吉尔”AVRE 坦克上的 290 毫米口径迫击炮夷为平地。

T-34/85 中型坦克（1944）

苏联人在分析过 T-34 坦克在库尔斯克战役中的表现后，推出了火力性更强的 T-34/85 中型坦克。他们对三种 85 毫米口径炮进行了比较，最终确定采用 ZIS-S-53 型炮。

1943 年 7 月，苏联挫败了德国发起的“堡垒行动”，取得了库尔斯克战役的胜利，随即开始评估 T-34 中型坦克在与德国黑豹坦克和虎式坦克作战时的表现。T-34 中型坦克配备了一门 76.2 毫米口径炮，而上述德国坦克则分别配备了高速 75 毫米和 88 毫米口径炮。

主要武器

当 T-34 中型坦克的 76.2 毫米口径 L-11 型炮和长身管 F34 型炮都显得火力不足时，85 毫米口径 ZIS-S-53 加农炮登场了，配备这型炮的 T-34 被命名为 T-34/85。

1943 年夏，关键的库尔斯克战役结束后，T-34/85 坦克研发计划得到大力推进。到了 1944 年 3 月，这型在早期 T-34 基础上升级了火炮的坦克开始列装苏联红军独立近卫坦克部队。

尽管苏德双方都损失了大量坦克，但事实表明在并不太远的距离上，T-34 坦克的炮弹初速仍不足以穿透德国坦克的装甲。这迫使苏联人付出巨大代价，以求快速接近德国坦克——有点像狂野的西部枪战。最初的结论是，T-34 坦克需要更厚的装甲，于是苏联人为一部分 T-34 加装了附加装甲板，并将其重命名为 T-43。然而，实验表明，附加装甲降低了 T-34 的速度和机动性，因此 T-43 坦克项目最终被取消了。

建议的力量

设计师们意识到，提升 T-34 坦克综合实力的关键在于换装新型火炮。根据苏联的官方记录，在 1943 年 8 月 25 日的一次会议上，第 92 火炮工厂的总设计师 V.G. 格拉宾建议给 T-34 坦克配备威力强大的 85 毫米口径炮。在对 3 种火炮进行

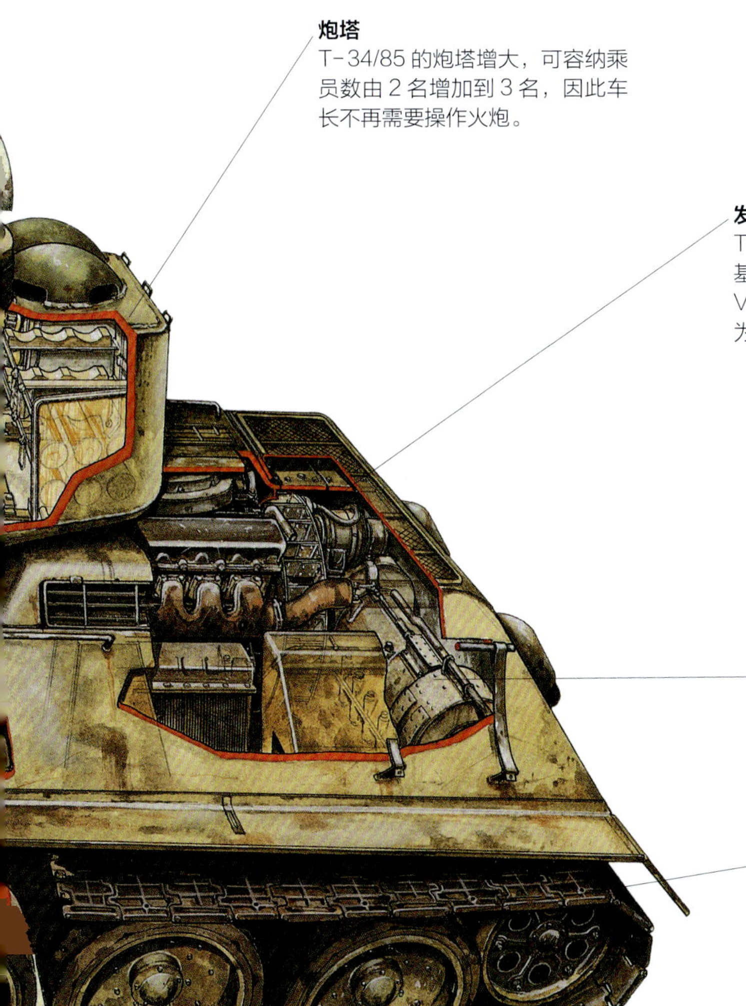

炮塔
T-34/85 的炮塔增大，可容纳乘员数由 2 名增加到 3 名，因此车长不再需要操作火炮。

发动机
T-34/85 的动力装置与 T-34 基本相同，性能可靠的 12 缸 V-2-34 水冷柴油机输出功率为 375 千瓦。

燃油箱
由于对车体进行了重新设计并增加了重量，比起最初的 T-34，T-34/85 的燃油箱容积减少了。尽管这一改变对 T-34/85 的续驶里程产生了负面影响，但比起火力上的提升，这个代价是值得的。

悬架装置
T-34/85 的克里斯蒂悬架采用了更强的弹簧以适应增重的炮塔。该悬架由美国工程师沃尔特 · 克里斯蒂设计。

T-34/85 中型坦克的炮塔位于车体前部，长身管高速 85 毫米口径 ZIS-S-53 型炮使车身线条显得更为流畅。在随后的几十年里，这种设计成为苏联坦克的特色。

测试后，苏军最终采用了由 F.F. 彼得罗夫将军提议的 ZIS-S-53 型炮。该炮还用在 KV-85、IS-2 重型坦克以及 SU-85 坦克歼击车上。

T-34/85 坦克采用了增大的整体铸造炮塔，以容纳 3 名乘员，全车乘员数增加到 5 名，车长不再负责操作火炮。这种配置形式大幅提高了 T-34/85 坦克的战斗效率。车长位于炮塔的后部，炮长在其左前方，装填手位于车长的右侧，驾驶员和机枪手在车体前部。在几周之内，位于高尔基市的第 211 工厂完成了炮塔的基本设计。

相对早期 T-34，T-34/85 的其他改动包括：在炮塔顶部安装了带 5 个观察窗的车长指挥塔；在炮塔顶部为装填手增加了一个舱门；增加了一个通风口，以排除火炮和机枪射击时产生的火药燃气；在炮塔两侧开有手枪射击口。

受空间限制，T-34/85 的燃油箱尺寸有所减小，其续驶里程比早期 T-34 略微减少。由于炮塔重量增大，T-34/85 的克里斯蒂悬架采用了刚性更高的弹簧。

技术参数：

尺　　寸：	车长：6 米 车宽：2.92 米 车高：2.39 米
重　　量：	32 吨
发 动 机：	1 台 12 缸 V-2-34 水冷柴油发动机，功率为 375 千瓦
速　　度：	55 千米 / 时
武　　器：	主要武器：1 门 85 毫米口径 ZIS-S-53 型炮 辅助武器：2 挺 7.62 毫米口径 DT 机枪
装　　甲：	20~55 毫米
续驶里程：	300 千米
乘 员 数：	5 人

按照指令生产

战争的紧迫需求极大影响了 T-34/85 坦克的生产。到了 1943 年 12 月 15 日，在经过验证的车体设计基础上——其中 3 种已经在生产，它们之间仅有微小的差别——苏联国防委员会下令量产 T-34/85 坦克。然而，炮塔的设计此时并没有完成，设计师要加快赶上车体生产进度。第 112 厂于 1944 年 1 月开始生产这种新型坦克，首批 T-34/85 坦克于 1944 年 3 月列装了精锐的近卫坦克部队。

整个春季，位于鄂木斯克和下吉尔塔的至少两个生产厂都被指派生产 T-34/85 坦克。大部分坦克在下吉尔塔生产。在战时生产期内，T-34/85 的炮塔和其他部件都得到了改进。曾经一度有 3 个工厂在生产三种不尽相同的炮塔。

战场上的改进

T-34/85 确实给苏联装甲部队提供了更好的战场生存能力。新型火炮使用穿甲弹时，射程较远，炮口初速可达 780 米 / 秒，提高了对德军坦克装甲的穿透能力。战斗经验表明，在对抗“铁拳”肩扛式反坦克火箭筒等德国反坦克武器时，T-34/85 的防护性略显不足，为此，苏军将薄钢板和铁丝网焊接到 T-34/85 的炮塔和车体上，以增强防护。战争期间，苏军大约生产了 22500 辆 T-34/85，生产期一直持续到 20 世纪 50 年代末。其变型车包括 OT-34/85，用 AT-42 火焰喷射器替代了同轴机枪。AT-42 能喷射长达 100 米的火柱。

埋伏中的T-34/85坦克

在右边的照片中，一队 T-34/85 中型坦克正通过一片森林，苏联坦克乘员显得很放松。1944 年 8 月 12 日，第 53 近卫坦克旅的亚历山大 · P. 奥斯丁中尉指挥一辆 T-34/85 使用 85 毫米口径炮对抗德国最新重型坦克——虎式。

奥斯丁观察到三辆虎式坦克沿着土路驶来，他意识到从隐蔽的阵地可以攻击虎式坦克的侧翼。奥斯丁命令炮长朝位于队列中的第二辆坦克开火。炮弹穿透了那辆坦克的炮塔，随后又命中两发，第四发炮弹使它起火。当第一辆虎式坦克开始旋转炮塔时，奥斯丁发射了四发炮弹，其中三发对它造成了轻微损伤。在烟雾和另外两辆坦克的火力掩护下，第三辆虎式开始撤退，但是奥斯丁紧随其后，一发炮弹就击毁了这辆虎式。战斗结束后，奥斯丁被授予“苏联英雄”称号。

“蟹”式扫雷坦克（1944）

M4 中型坦克，也就是广为人知的“谢尔曼”坦克，拥有很多特种变形车，“蟹”式扫雷坦克就是其中之一，它安装了一个链枷扫雷器用于引爆地雷，为后续部队开辟一条通路。

在北非，当英国和英联邦国家的军队奋力与广阔的德军地雷场做斗争时，发明家和工程师们正不断利用有限的资源，费尽苦心地研究能有效清除这些致命障碍，为士兵和车辆开辟一条安全通道的工具。在 1942 年 10 月的阿拉曼战役中，按照德国非洲军团司令埃尔温·隆美尔将军的命令布下的地雷场相当有效，严重地迟滞了英国的攻势。隆美尔把这些地雷场称为“恶魔花园”。

“蟹”式是英国工程师和设计师在资源有限的情况下研制的扫雷利器。它在诺曼底登陆期间同英国突击部队一起登上海滩。

最初，英军的目标是研制一种链枷式扫雷坦克，通过一个滚筒带动扫雷链拍打坦克前方的地面以引爆地雷。

底线

1942 年春，南非军官亚伯拉罕·杜·托伊特上尉尝试研制链枷扫雷装置。他的想法被提交给诺曼·贝瑞少校——英国第 13 集团军军械仓库的

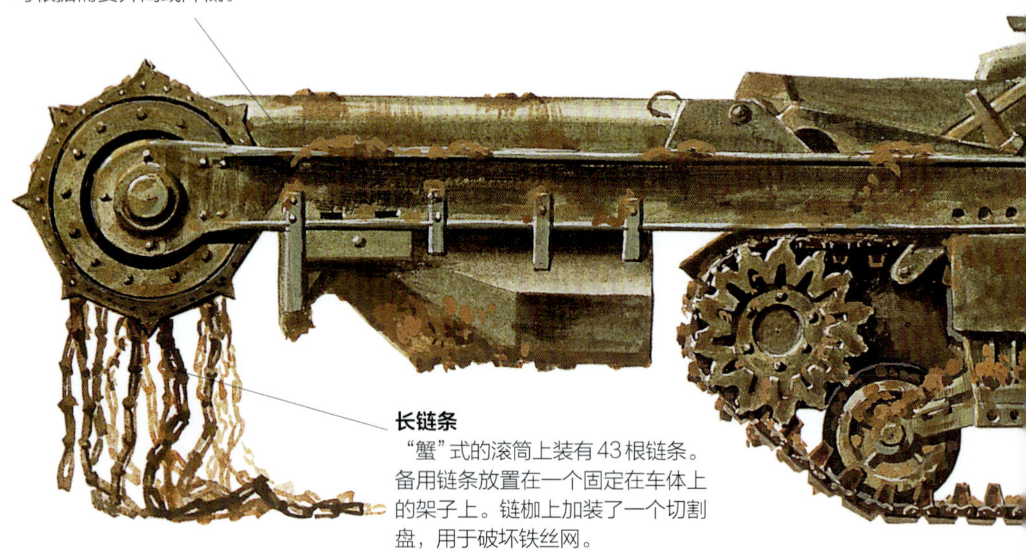
主要武器
“蟹”式安装了 75 毫米口径炮，有时会承担支援步兵和与敌方坦克作战的任务。当链枷工作时，火炮朝向车体后方。
液压装置
“蟹”式链枷的右支臂采用液压驱动，可根据需要升高或降低。
长链条
“蟹”式的滚筒上装有 43 根链条。备用链条放置在一个固定在车体上的架子上。链枷上加装了一个切割盘，用于破坏铁丝网。

助理主任。贝瑞支持这项研究。1941年10月，杜·托伊特得到提升，并奉命前往英国继续研究工作。与此同时，他对“玛蒂尔达”坦克进行了实验，研制出“玛蒂尔达·蝎”式坦克。在阿拉曼战役中，25辆“玛蒂尔达·蝎”式坦克参加了扫雷行动，然而结果却令人失望。

杜·托伊特继续进行链枷式扫雷坦克的设计工作。英国工程师尝试进一步对“瓦伦丁”坦克进行实验，研制出“瓦伦丁·蝎”式坦克，同时M4“谢尔曼”坦克也装上了一个链枷装置。基于“谢尔曼”坦克的设计方案被命名为“蟹”式。“蟹”式坦克的设计非同一般，比起其他设计方案，它的重要改进之一是链枷装置由坦克发动机

“蟹”式坦克使用旋转滚筒和43根链条，链条围绕旋转滚筒旋转，高速拍打车辆前面的地面，引爆或击毁地雷。

发动机
英军对“蟹”式的福特GAA V-8汽油发动机进行了改装，使其能驱动链枷装置。通过坦克发动机来驱动链枷装置比起采用外部发动机更可靠。

驱动，而不是外部发动机。采用外部发动机驱动容易出现故障，特别是空气滤清器被链枷装置拍打地面产生的大量灰尘和泥土堵塞时。

帕雷西·霍巴特将军是第79装甲师师长，他观摩了“蟹”式坦克的测试过程后，要求批准该型坦克量产。在盟军收复西欧和意大利的战役中，霍巴特命令配属一些特种坦克用于执行不同的清障任务，这些特种装甲车辆被统称作“霍巴特的动物园”。当1944年6月6日诺曼底登陆日即将到来时，霍巴特很清楚性能可靠的链枷式扫雷坦克对于盟军部队快速穿越诺曼底海滩是至关重要的。

“蟹”式坦克的配置

工程师对“谢尔曼”坦克的发动机进行了改装，安装了第二根驱动轴，以驱动巨大的链枷装置。本质上，链枷装置是一个旋转滚筒和43根链条。最初，滚筒靠车体前部伸展的两根支臂来降低或升高。右支臂内的液压装置驱动滚筒升高或降低，并驱动滚筒以142转/分的转速旋转。滚筒的高度可以根据车前地雷预估的埋设深度进行调整。滚筒上安装了切割盘，以清除铁丝网，防止铁丝网缠绕、损坏链条。

技术参数：

尺　　寸：	车长：6.35米 车宽：2.81米 车高：3.96米
重　　量：	32.28吨
发 动 机：	1台“福特”GAA V-8汽油发动机，功率为373千瓦
速　　度：	46千米/时
武　　器：	主要武器：1门75毫米口径炮 辅助武器：1挺7.62毫米口径勃朗宁机枪（某些坦克拆除）
装　　甲：	15~76毫米
续驶里程：	62千米
乘 员 数：	5人

爬行的“螃蟹”

“蟹”式Mk Ⅱ型采用了一个带反平衡装置和配重的支臂，能够自动调整滚筒的高度，确保能够引爆深埋的地雷。该型车被称为“轮廓蟹”，当坦克通

“蟹”式扫雷时通常以5辆为一组，形成梯形编队通过雷区。当“蟹”式坦克扫雷时，其他坦克为其提供火力掩护。

在 1944 年 4 月的测试中，“蟹”式坦克的链枷装置扬起一阵尘土。英国工程师和设计师们以 M4“谢尔曼”坦克为基础，研制出盟军第二次世界大战期间最有效的扫雷坦克。

过不平坦的地面，尤其是爬坡时，需要用齿轮机构来保持链枷装置的转速。

为了保护乘员，“蟹”式坦克的车体前部安装有防爆盾。当链枷扫雷装置工作时，火炮朝向车体后方，坦克的行驶速度只有 2.01 千米 / 时。由于车首机枪手的视线经常被工作中的链枷装置阻挡，车首机枪被拆除。备用链条放在一个安装在车体上的箱子内。加装链枷扫雷装置使“蟹”式坦克的重量增加到 32 吨，而标准 M4“谢尔曼”坦克重 31 吨。

“蟹”式坦克是诺曼底登陆时第一批到达海滩的坦克。尽管链枷扫雷装置工作时，坦克很容易受到敌人火力的攻击，但由于配备了 75 毫米口径炮，“蟹”式坦克的战斗力并不好，也能遂行作战任务。

战争中的“蟹”式坦克

1944 年 6 月的诺曼底登陆期间，威斯敏斯特龙骑兵团、第 22 龙骑兵团和第 1 洛锡安边界义勇骑兵团的“蟹”式坦克同英国和加拿大的第一波登陆部队在“黄金”、“朱诺”和“剑”海滩登陆，清除地雷、德国机枪火力点和碉堡。美国观察员对“蟹”式坦克的战场表现印象深刻，最终美国也装备了少量“蟹”式。

1945 年冬天，第 51 皇家坦克团接收了一个中队 15 辆“谢尔曼”Mk II“蟹”式坦克，这些坦克均被送往意大利前线。

由于经常处在盟军推进部队的最前沿，“蟹”式坦克能迅速从扫雷模式转换为作战模式。从诺曼底登陆到战争结束，第 1 洛锡安边界义勇骑兵团在战斗中损失了 36 辆“蟹”式坦克。

“萤火虫”坦克（1944）

为在最短的时间内提升坦克的火力，英国设计师用威力更大的 76.2 毫米口径 QF 型炮取代了 M4 “谢尔曼” 坦克的 75 毫米口径炮，研制出一种能有效对抗德国虎式和 “黑豹” 坦克的新型坦克。

北非和意大利战场上的深刻教训使英国坦克设计师确信，威力更为强大的火炮是未来对抗德国坦克和反坦克武器的关键。此时，新一代英国坦克还停留在图纸上，“克伦威尔” 和 “挑战者” 等新型坦克无法在几个月内投产，并且可能会延迟甚至夭折，这在战时武器项目中已经司空见惯。

美制 M4 “谢尔曼” 坦克的数量充足，然而它的 75 毫米口径和后来的 76 毫米口径炮火力不足以对抗德国 “黑豹” 和虎式坦克。理论上，德国坦克的 75 毫米口径和 88 毫米口径炮可以在盟军火炮射程之外摧毁盟军坦克。

英国人用 76.2 毫米口径 QF 型坦克炮升

主要武器
76.2 毫米 QF 反坦克炮是英国第二次世界大战期间生产的同类火炮中威力最大的。经过修改后，安装到 M4 “谢尔曼” 坦克的炮塔上。实战证明，它能够对抗德国的虎式和 “黑豹” 坦克。

装甲
“萤火虫” 的装甲防护能力与标准版 M4 “谢尔曼” 坦克相同。

级“谢尔曼”坦克的非正式努力，自 1942 年底以来就一直在进行。然而，一些设计问题很难解决——“谢尔曼”的小炮塔无法使 76.2 毫米口径炮顺利完成后座。解决方案之一是拆掉火炮的后座装置，但这样就需要用整个车身来吸收后座能量，导致坦克剧烈摇晃，甚至损毁。

工程上的努力

一个工程师团队在维克斯坦克设计师 W.G.K. Kilbourn 的带领下，开始对 M4 坦克进行改进。他们将电台移到炮塔尾部的装甲盒中，并为 76.2 毫米口径炮和火炮摇架设计了一个新防盾。

1944 年 6 月 6 日诺曼底登陆时，约有 350 辆“萤火虫”坦克在英国军队服役。到诺曼底登陆战役结束时，“萤火虫”的装备量达到了 400 辆。

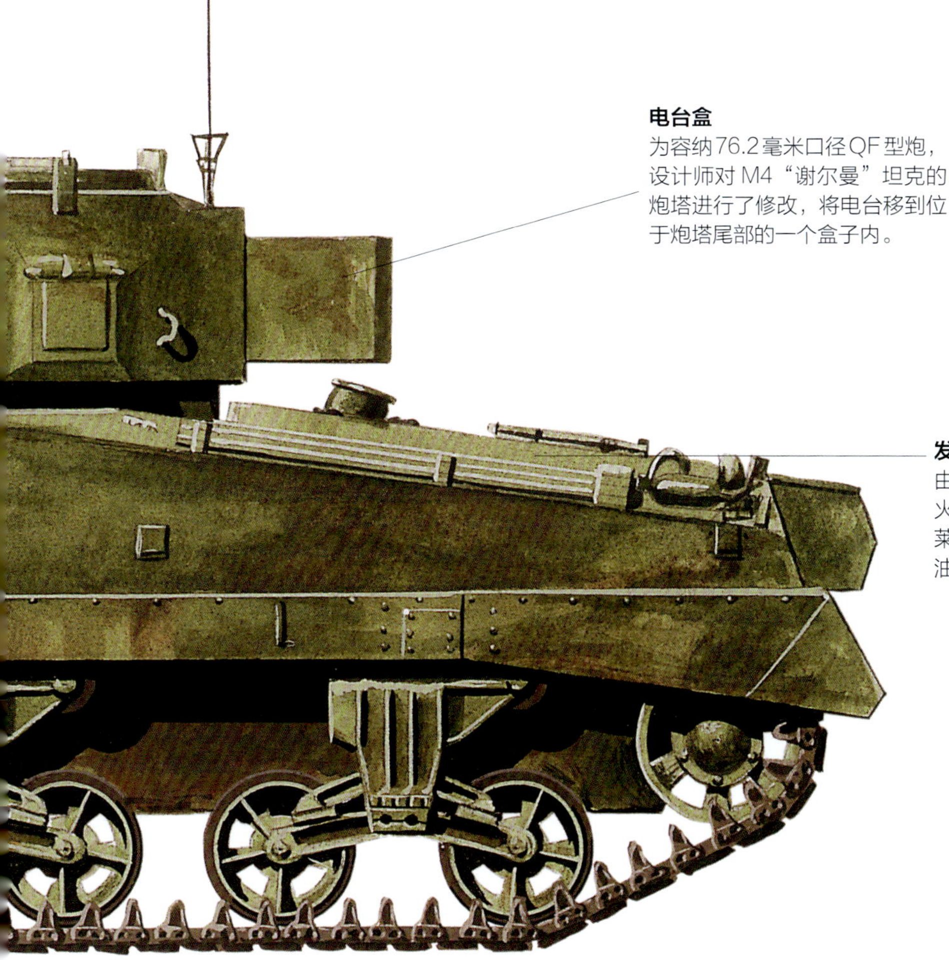

电台盒
为容纳 76.2 毫米口径 QF 型炮，设计师对 M4“谢尔曼”坦克的炮塔进行了修改，将电台移到位于炮塔尾部的一个盒子内。

发动机
由 M4A4 改装而来的“萤火虫”坦克装备 1 台克莱斯勒 A57 型 30 缸汽油发动机。

对火炮本身也进行了改进，加长了炮座以提高整个火炮平台的稳定性，拆除了航向机枪以增加 76.2 毫米口径炮的携弹量，将乘员从 5 名减少到 4 名——车长、驾驶员、炮长 / 装填手和电台操作手。

尽管“萤火虫”具备强大的攻击能力，但是除了 13 毫米厚的新防盾以外，它保留了标准版“谢尔曼”坦克的装甲设计。由 M4A4“谢尔曼”改装成的“萤火虫”采用克莱斯勒 30 缸 A57 型汽油发动机，而其他改进型则装备了大陆 R975 汽油发动机或福特 GAA V8 汽油发动机。

优先生产

诺曼底登陆准备期间，英国军方就对“萤火虫”坦克产生了极大热情。1944 年 2 月，英国军队提交了 2100 辆的初始订单。到了诺曼底登陆时，已有 342 辆“萤火虫”坦克装备到伯纳德 · 蒙哥马利将军指挥的第 21 集团军群。一些“谢尔曼”坦克的变型车也被改装为“萤火虫”坦克。

由 M4A4“谢尔曼”改装成的“萤火虫”很容易分辨，它的主炮要比原装 75 毫米口径炮长得多。

当“萤火虫”坦克的数量越来越多时，英国装甲部队将“萤火虫”坦克和配备 75 毫米口径炮的标准版“谢尔曼”坦克混编在一起。到战争结束时，随着装备了更大威力火炮的新式坦克的出现，“萤火虫”坦克的产量有所缩减。最终，“萤火虫”的总产量为 2000—2300 辆，少量装备美国军队。官方用 VC 型、1C 型或 1C“混血”命名配备了

技术参数：

尺寸：	车长：7.85 米 车宽：2.67 米 车高：2.74 米
重量：	33 吨
发动机：	1 台克莱斯勒 A57 型 30 缸汽油发动机，功率为 350 千瓦
速度：	40 千米 / 时
武器：	主要武器：1 门 17 磅（76.2 毫米口径）QF 型炮 辅助武器：1 挺 7.62 毫米口径勃朗宁机枪
装甲：	15~100 毫米
续驶里程：	公路：201 千米 越野：145 千米
乘员数：	4 人

“萤火虫”于1943秋季投入生产，并于诺曼底战役期间正式服役。76.2毫米口径炮使它在与德国坦克的战斗中不落下风。

76.2毫米口径炮的“谢尔曼”坦克。

在战斗中，德国人很快意识到配备长身管炮的“谢尔曼”坦克是一个强大的敌手，因此把它作为优先打击目标。76.2毫米口径炮是英国在第二次世界大战期间生产的威力最大的反坦克炮，能够穿透德国虎式坦克和“黑豹”坦克的装甲。在1000米的距离上，该炮使用穿甲弹能够穿透近200毫米厚的装甲。

有趣的是，“萤火虫”坦克并不能像早期配备75毫米口径炮和高爆弹的“谢尔曼”坦克一样有效对付机枪阵地、部队集结地和其他软目标。然而，由于它在一定程度上具备与德国坦克相当的火力，在西线战场确实很受欢迎。

叮人的“萤火虫”

1944年春，“萤火虫”坦克开始装备由伯纳德·蒙哥马利将军指挥的英国第21集团军群，这种配备了76.2毫米口径QF炮的新型盟军坦克迅速引起了德国人的重视。很快，“萤火虫”坦克在实战中证明了它的价值。在几次有记录的战斗中，“萤火虫”坦克击毁了德国人最好的虎式重型坦克和“黑豹”中型坦克。其中一次战斗发生在1944年8月8日，法国村庄圣·埃格南附近。北安普敦郡骑兵团的“萤火虫”坦克在几分钟之内就击毁了3辆虎式坦克，其中一辆据称由武装党卫军虎式坦克王牌车长米歇尔·魏特曼上尉指挥。

“克伦威尔”Mk Ⅷ 坦克（1944）

克伦威尔 Mk Ⅷ型在延续了英国巡洋坦克的体系和传统的同时，也满足了英国人对更强的火炮和装甲防护的需求，在与德国坦克的实力对比上有了很大提高。

尽管英国军事家不愿放弃巡洋坦克的概念，因为巡洋坦克配备了较轻的武器和装甲，具有出色的机动性，能从敌人防线的缺口突入，实现纵深突破，但随着第二次世界大战的进行，这样的坦克在战场上的生存能力面临着考验。

战争爆发时，德国坦克比英国巡洋坦克火力更强，装甲防护更好。北非沙漠的经验暴露出早期巡洋坦克的弱点，即为了速度牺牲了装甲防护和火力。1942 年，为了解决这些问题，英国积极研制用来替代性能不足的“十字军”坦克的新型坦克。由此出现了两种原型车：A27L 型，后来成为“半人马座”坦克；A27M 型，发展为成功的

相对于“十字军”巡洋坦克，“克伦威尔”Mk Ⅷ 显著提高了火力和装甲防护性能。在 1944 年诺曼底战役期间，英国装甲部队的“克伦威尔”坦克参加了战斗。

发动机
尽管采用威力更大的火炮且增加了装甲防护，但劳斯莱斯星型汽油发动机仍能使“克伦威尔”保持速度优势。

“克伦威尔”MK Ⅷ型坦克。

“半人马座”坦克和“克伦威尔”坦克的主要区别在于发动机。“半人马座”坦克保留了纳菲尔德公司的“自由”Mark V型汽油发动机，而“克伦威尔”坦克则配备更强劲的劳斯莱斯星型汽油发动机。劳斯莱斯的发动机能在坦克加装较厚的装甲和安装威力更大的火炮的情况下，确保一定的行驶速度。

其他设计方面，“克伦威尔”坦克与“半人马座”坦克非常相似。例如，“克伦威尔”MkIII型，简而言之就是安装劳斯莱斯发动机的“半人马座”I型坦克。最初，三种“克伦威尔”坦克的变型车都安装57毫米口径QF型炮。“克伦威尔”I型安装了2挺7.92毫米口径BESA机枪，而“克伦

装甲防护
“克伦威尔”的装甲厚度达到76毫米，这使坦克乘员在战场上有更高的生存概率。在最后的生产型上，装甲板之间的缝隙和铆钉都被焊接起来，以提高强度。
主要武器
75毫米口径炮，为“克伦威尔”坦克提供了必要的火力，以便在某些情况下同德国新一代坦克作战。
辅助武器
“克伦威尔”的大部分型号安装了2挺7.92毫米口径BESA机枪，一挺安装在车体前部的球形枪座上，另一挺与主炮同轴安装在炮塔内。

“克伦威尔”MK Ⅷ 标志着英国坦克在作战性能和乘员生存力上有了显著提高，这是建立在同德国坦克作战的教训之上的。

威尔”II 型安装了加宽的履带以提高行驶稳定性，此外还拆除了 1 挺机枪。

未来的火力

到了 1943 年，英国人意识到德国新一代装甲车上配备的 75 毫米和 88 毫米口径高速火炮的威胁性。很明显，57 毫米口径炮无法在射程和炮口初速上与德国坦克火炮相匹敌。因此，新 75 毫米 口径 QF 型火炮被视为一个合乎逻辑的选择。很快，更换了新型火炮的克伦威尔 Mk IV 开始生产。1943 年 10 月，第一批坦克装备到英国本土的装甲部队。

“克伦威尔”坦克的设计师显然没有认识到倾斜装甲的优点，因此这型坦克的炮塔方方正正的像个盒子一样，很容易识别。“克伦威尔”坦克的车体轮廓明显低于美国 M4“谢尔曼”坦克。“谢尔曼”坦克的产量很大，这实际上阻碍了英国新型坦克的生产和部署。1942 年的一次野外演习中，英军对“克伦威尔”坦克、“半人马座”坦克和“谢尔曼”坦克进行了对比，结果表明美国坦克在可靠性和射击精度上更优。演习最终导致“半人马座”坦克停产，对“克伦威尔”坦克进行改进，并全面生产和部署改进型。

早期的“克伦威尔”坦克作为训练坦克对于英国部队是非常有价值的，在西欧战役之前能帮助乘员熟悉新型巡洋坦克的特性。“克伦威尔”Mk IV 配置了 75 毫米口径炮，在关键部位的装甲增加到 76 毫米，使用流星发动机可达到 61 千米 / 时的最高行驶速度。

通过方盒状的炮塔和笔直的线条很容易将“克伦威尔”与战场上的其他坦克区分开来。尽管它的外形轮廓比“谢尔曼”M4 坦克要低一些，但并没采用倾斜装甲。

技术参数：

尺　　寸：	车长：6.35 米 车宽：2.9 米 车高：2.49 米
重　　量：	29 吨
发 动 机：	1 台劳斯莱斯星型发动机，功率为 447 千瓦
速　　度：	61 千米 / 时
武　　器：	主要武器：1 门 75 毫米口径 QF 型炮 辅助武器：2 挺 7.92 毫米口径 BESA 机枪
装　　甲：	8~76 毫米
续驶里程：	公路：278 千米 越野：128.75 千米
乘 员 数：	5 人

“克伦威尔”Mk Ⅷ 安装了75毫米口径QF型炮，其火力能媲美德国坦克。“克伦威尔”坦克的电动炮塔由人工操作旋转。

“克伦威尔”的配置

在“克伦威尔”的内部，驾驶员位于车体右前部，一个钢质隔板将其与机枪手隔开。车长、炮长和装填手在三人炮塔内，发动机位于车体后部。1944年12月，英军确定了“克伦威尔”坦克的最终技术规格，在乘员舱下部位增加了6毫米厚的装甲，将车体前部所有的铆钉焊接起来，炮塔装甲板也改为焊接形式以提高结构刚性，同时也有助于提高坦克的防水性能。

虽然在战争期间总共生产了超过4300辆“克伦威尔”坦克，但英国装甲部队主要装备的仍然是美国M4“谢尔曼”坦克。在诺曼底战役中，“克伦威尔”坦克投入战斗，并获得乘员的好评。“克伦威尔”坦克进一步发展成为“彗星”坦克，这大概是英国第二次世界大战期间研制的最好的坦克。“克伦威尔”的变型车包括配备了95毫米口径榴弹炮的Mk Ⅷ型，以及装甲抢救车、炮兵观察车和装甲指挥车。

战斗中的“克伦威尔”

“克伦威尔”Mk Ⅷ 坦克于1944年6月参加战斗，主要装备英国第7装甲师（绰号“沙漠之鼠”）。在满编的情况下，一个“克伦威尔”坦克团的装甲车辆编成包括“克伦威尔”MK Ⅳ型、“克伦威尔”Mk Ⅷ 型，以及“萤火虫”坦克，即升级了火炮的英国版“谢尔曼”。

尽管“克伦威尔”坦克的火炮仍然不敌德国虎式和“黑豹”坦克，但比起之前的英国巡洋坦克有了较大提升。诺曼底乡村的树篱限制了“克伦威尔”坦克的速度优势，不过一旦突破了树篱，坦克便能同步兵一起快速推进。在下图中，“克伦威尔”坦克在快速机动中卷起一阵烟尘，显示出它的高速机动性能。

虎Ⅱ坦克（1944）

当虎式坦克开始生产时，亨舍尔和保时捷公司就已经着手研制更加强大的重型坦克。亨舍尔公司于1943年10月赢得合同，新坦克称为虎Ⅱ或“虎王”。

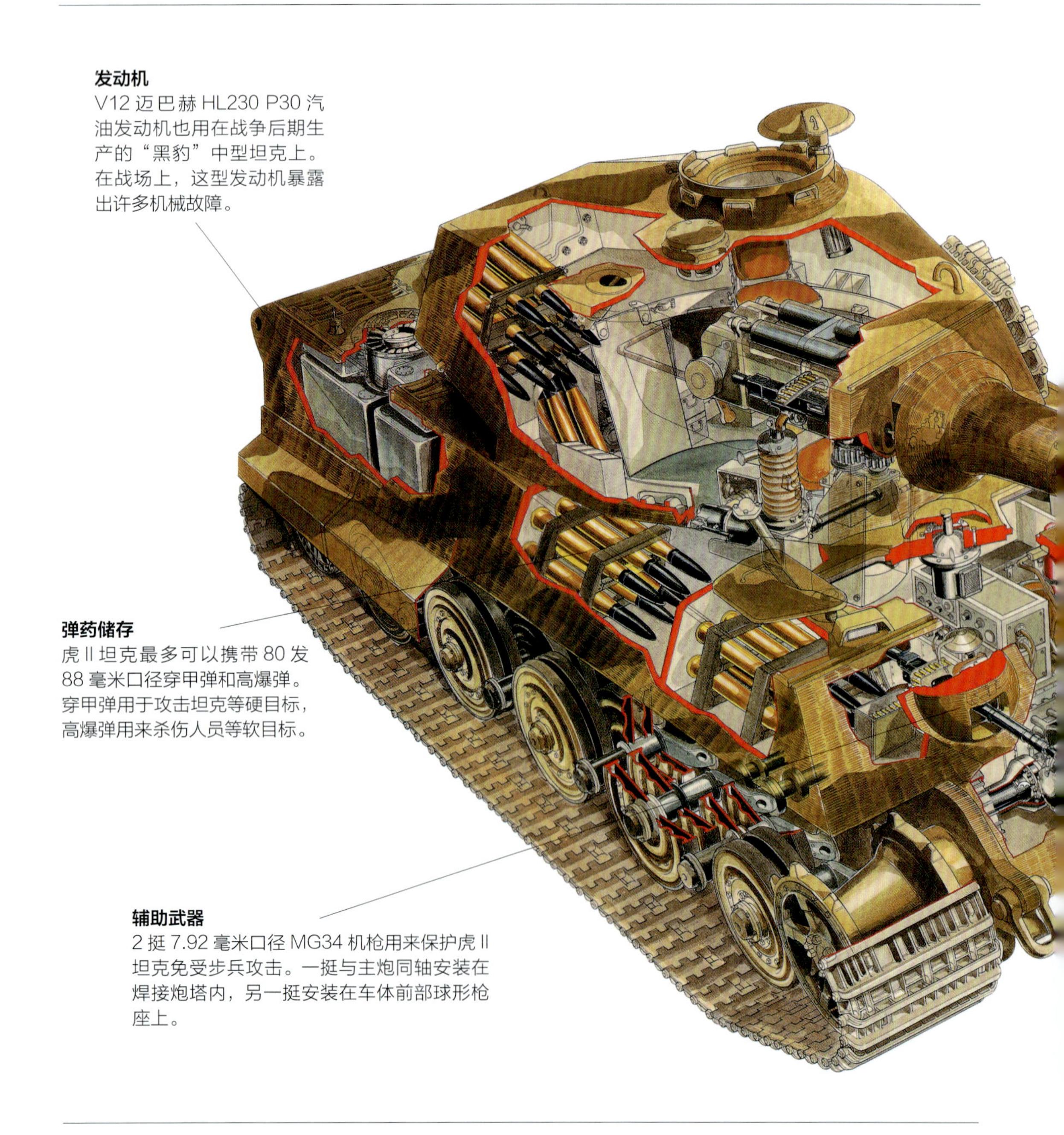

发动机
V12迈巴赫HL230 P30汽油发动机也用在战争后期生产的“黑豹”中型坦克上。在战场上，这型发动机暴露出许多机械故障。

弹药储存
虎Ⅱ坦克最多可以携带80发88毫米口径穿甲弹和高爆弹。穿甲弹用于攻击坦克等硬目标，高爆弹用来杀伤人员等软目标。

辅助武器
2挺7.92毫米口径MG34机枪用来保护虎Ⅱ坦克免受步兵攻击。一挺与主炮同轴安装在焊接炮塔内，另一挺安装在车体前部球形枪座上。

作为第二次世界大战期间生产的最重的坦克，虎 II 也被称为“虎王”或“孟加拉虎”，由德语 Königstiger 直译而来。它重达 63.5 吨，大大超过当时的任何一种重型坦克。当德国于 1944 年中期开始生产虎 II 坦克时，它所配备的 88 毫米口径 KwK 43 L/71 型高速火炮是德国同类武器中性能最好的。

虎 II 坦克对欧洲战场的影响，可以用它给盟军士兵造成的心理威慑来衡量。由于德国人更倾向质量而不是数量，同时盟军持续的轰炸破坏了德国的工业设施，虎 II 坦克从未大量服役。从 1943 年底到 1945 年春，德军仅生产和装备了不到 500 辆虎 II 坦克。

虎 II 坦克是德国国防承包商亨舍尔公司和保时捷公司之间的竞争结果。克虏伯公司为两家公司的方案分别设计和制造了炮塔。

主要武器
虎 II 坦克的主要武器是 88 毫米口径 KwK 43 L/71 型炮。该炮身管长 5.7 米。

装甲防护
虎 II 的车体前部装甲厚度为 150 毫米，炮塔前部的装甲厚度为 180 毫米。炮塔两侧的装甲厚度为 80 毫米，倾角为 25 度。

尽管虎Ⅱ坦克在战斗中是一个令人畏惧的角色，但油料短缺和机械故障导致它被大量遗弃在战场上，或被车组成员自毁，以避免被敌方缴获。

亨舍尔的首创

虎Ⅱ坦克有5名乘员。在炮塔内，车长和炮长位于火炮的左侧，装填手位于右侧，驾驶员和机枪/电台操作手分别位于车体前部的左侧和右侧。V12迈巴赫HL230 P30汽油发动机位于车体后部。虎Ⅱ坦克内部的布局与“黑豹”中型坦克的量产型相似，而其独特的车体倾斜装甲同时也是黑豹中型坦克的设计特色。

亨舍尔公司设计的车体完全采用焊接工艺，有两种炮塔形式。亨舍尔公司是主要合同商，而著名的德国军火制造商克虏伯公司也参与到设计和生产工作中。第一种炮塔也被误称为保时捷炮塔，呈圆形，在炮塔与车体连接处存在窝弹区。炮塔左部有一个独特的凸起，以容纳车长指挥塔。只有最初生产的50辆虎Ⅱ坦克安装了这种炮塔，其余都安装了所谓的亨舍尔炮塔，它更加方正和棱角分明，消除了凸出部位和窝弹区。

虎Ⅱ坦克的装甲保护非常强，装甲厚度从40毫米到180毫米不等。它采用扭杆悬架，车体两侧各有9个交错布置的负重轮。这些负重轮有时容易被石头或泥土卡住，需要定期检查和清理。在寒冷的天气里，负重轮也可能被冻结在一起，需要解冻或凿掉卡在负重轮之间的冰块。

虎Ⅱ的炮口初速为1000米/秒，能在2.4千米的距离上摧毁盟军坦克，而大部分盟军坦克的火炮在同样距离上无法进行有效还击。虎Ⅱ的辅助武器包括2挺7.92毫米口径MG 34机枪，一挺安装在车体前部，另一挺与火炮同轴安装在炮塔内。

技术参数：

尺　　寸：	车长：7.25米 车宽：3.72米 车高：3.27米
重　　量：	63.5吨
发 动 机：	1台V12 迈巴赫HL230 P30汽油发动机，功率为514千瓦
速　　度：	38千米/时
武　　器：	主要武器：1门88毫米口径KwK 43 L/71型炮 辅助武器：2挺7.92毫米口径MG34机枪
装　　甲：	40~180毫米
续驶里程：	公路：170千米 越野：120千米
乘 员 数：	5人

困扰“巨兽”的机械故障

尽管虎Ⅱ坦克的很多性能领先于同期其他坦克，但它饱受机械问题的困扰，很多问题源自不可靠的动力和传动系统。其过高的车重容易造成动力装置过载，从而频繁引发故障。此外，在不同气候条件下，它的悬架也不可靠。虎Ⅱ坦克的越野机动性较差，特别是在沼泽地和水网行驶时，远距离机动需要利用铁路平板货车。虎Ⅱ坦克的生产成本高昂，其单车成本几倍于其他德国坦克，完成一辆虎Ⅱ坦克的生产需要 30 万工时。极高的油耗限制了虎Ⅱ坦克的续驶里程，尤其是在 1944 年底的突出部战役中。

虎Ⅱ坦克于 1944 年春抵达东线战场，在西线的阿登反击战中，充当了关键性角色。然而，油料短缺和机械故障，限制了虎Ⅱ坦克在战场上的发挥。

战场表现

尽管有许多缺点，但虎Ⅱ坦克在经验丰富的车组成员手中仍能主宰战场。它最初于 1944 年春部署到东线战场，后来部署到诺曼底，参加了阿登反击战和柏林防御战。虎Ⅱ坦克为战后的主战坦克树立了标准，极大影响了装甲车辆在战斗中的运用方式。

虎式坦克的传说

第二次世界大战中，战绩最高的德国坦克王牌车长库特·内斯佩尔准尉，在阵亡前摧毁了 168 辆敌方坦克，阵亡时他刚 23 岁出头，在东线战场上指挥一辆虎Ⅱ坦克。武装党卫队军士长卡尔科勒在战争中幸存下来，他于 1977 年逝世，享年 77 岁，他还记得进攻数量众多的苏联“斯大林”坦克时的情景：

在从波勒斯多夫（Bollersdorf）到施特劳斯贝格（Strausberg）的道路上停着 11 辆“斯大林”坦克，远处村庄边上还有 120~150 辆坦克正在加油和补充弹药，我摧毁了公路上 11 辆“斯大林”坦克的头一辆和最后一辆……我个人在这次战斗中击毁敌人坦克的数量是 39 辆。

下图中，虎Ⅱ坦克那令人畏惧的火炮格外乍眼。

“猎虎”坦克歼击车（1944）

“猎虎”坦克歼击车尽管是第二次世界大战期间火力最强、装甲防护最好的装甲战斗车，但过高的车重、极高的油耗和孱弱的动力限制了它在战场上的发挥。

有些奇怪的是，德国军备部从 1943 年起到战争结束一直执行一项政策，即确定一个新的坦克设计方案时，并行研制与其相似的坦克歼击车，这种歼击车安装有仅能转动有限角度的火炮。1943 年末，当虎Ⅱ坦克即将投产时，“猎虎”坦克歼击车正处于研制阶段。

1943 年 10 月，“猎虎”坦克歼击车的等比模型制作完成，1944 年 7 月开始生产。到战争结束时，德军只生产和装备了大约 70 辆。所有“猎虎”坦克歼击车都是在德国圣瓦伦汀尼伯龙根工

主要武器
128 毫米口径 Pak 44 L/55 反坦克炮是“猎虎”的主要武器，它是第二次世界大战期间同类武器中威力最强的一型。

装甲防护
超强的装甲防护使“猎虎”的重量达到 70 吨。车体前部装甲最厚处达到 250 毫米。

“猎虎”的底盘上安装了一个固定式炮塔，而不是旋转炮塔，其巨大的火炮只能小范围转动，因此需要使整个车身转向才能瞄准目标。

厂完成总装的。产量有限的原因很多，其中包括盟军不间断的轰炸阻碍了生产进度、生产成本过高、生产周期较长，以及需要将虎 II 坦克的车体加长 260 毫米以适应巨大的 128 毫米口径 Pak 44 L/55 炮。此外，这型炮的供应数量本就不足。

高大的外形轮廓使“猎虎”成为战场上的显著目标。除容易受到坦克猎杀分队或步兵从不同方向同时实施的攻击外，“猎虎”也是盟军战斗轰炸机的攻击目标。

“猎虎”的构造

虽然“猎虎”坦克歼击车与虎 II 坦克相似，但其底盘支撑的是一个固定炮塔，而不是旋转炮塔，这使它的外形轮廓较高。主炮只能转动很小的角度——左右各 10 度，车身必须面向目标才能瞄准射击。德军为“猎虎”坦克歼击车生产了两

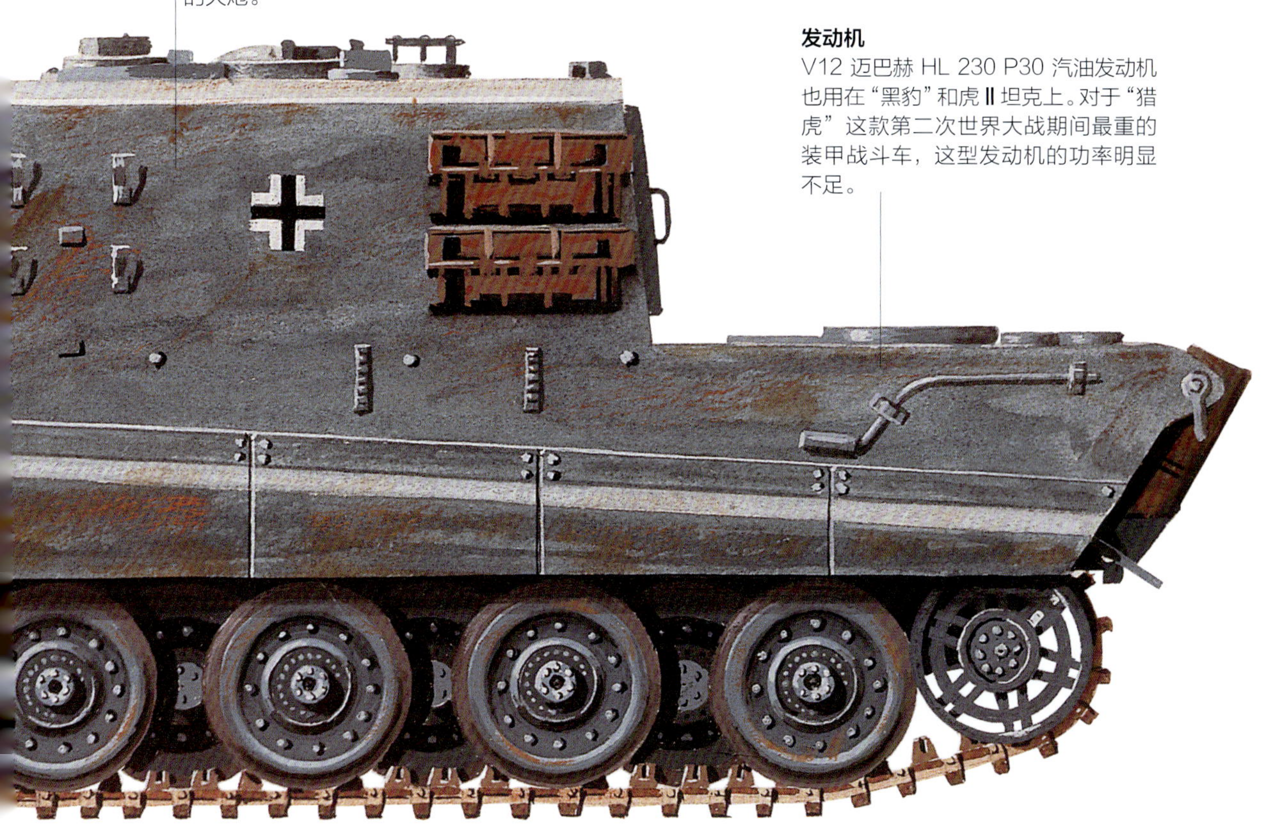

上层结构
“猎虎”去掉了虎 II 的旋转炮塔，采用一个高耸的固定炮塔。其车体相对虎 II 加长，以容纳更多的乘员和巨大的火炮。

发动机
V12 迈巴赫 HL 230 P30 汽油发动机也用在“黑豹”和虎 II 坦克上。对于“猎虎”这款第二次世界大战期间最重的装甲战斗车，这型发动机的功率明显不足。

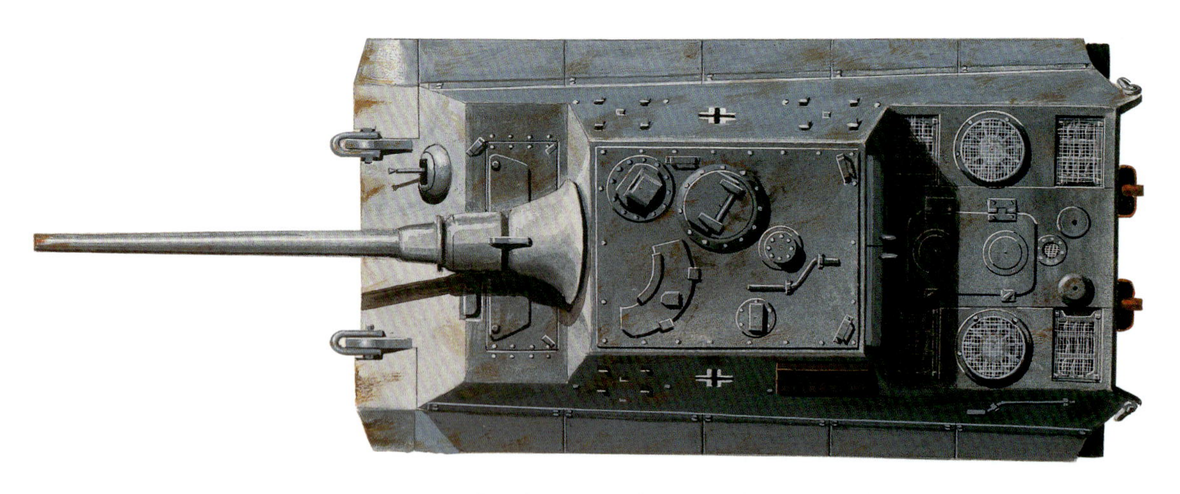

“猎虎”巨大的车体装有倾斜装甲，与“黑豹”坦克相似，车体两侧的裙板主要用来保护悬架和负重轮。

种悬架：一种是保时捷公司生产的，采用 8 对负重轮；另一种是亨舍尔公司生产的，采用 9 对负重轮。

采用保时捷悬架的实验样车仅生产了 11 辆。“猎虎”坦克歼击车的装甲防护明显优于德军其他装甲装备，其车体前部装甲最厚，达到 250 毫米。

技术参数：

尺　　寸：	车长：10.65 米 车宽：3.63 米 车高：2.95 米
重　　量：	70.6 吨
发 动 机：	1 台 V12 迈巴赫 HL230 P30 汽油发动机，功率为 522 千瓦
速　　度：	38 千米 / 时
武　　器：	主要武器：1 门 128 毫米口径 Pak 44 L/55 型炮 辅助武器：2 挺 7.92 毫米口径 MG34 机枪
装　　甲：	25~250 毫米
续驶里程：	公路：120 千米 越野：80 千米
乘 员 数：	6 人

“猎虎”坦克歼击车采用 V12 迈巴赫 HL230 P30 汽油发动机，这种发动机也用在虎 II 坦克、黑豹坦克以及“猎豹”坦克歼击车上。该发动机对于虎 II 坦克来说已经显得功率不足，而“猎虎”坦克歼击车 70.6 吨的车重使情况变得更加严重。这导致机械故障造成的损失往往大于敌人火力造成的损失。一个装备了 10 辆“猎虎”的德军坦克歼击车连，1 辆在战斗中损失，1 辆损失于己方炮火，8 辆则由于故障被乘员遗弃或自毁。

想要的武器

128 毫米口径 Pak 44 L/55 反坦克炮是第二次世界大战期间口径最大的反坦克炮。由于尺寸原因，“猎虎”坦克歼击车只能携带 38~40 发穿甲弹或高爆弹。Pak 44 型炮也被用到失败的鼠式巨型坦克项目中。它的威力非常强大，一名德军指挥官报告称，一发炮弹穿过墙壁后还有足够的动能摧毁一辆美国坦克。然而，“猎虎”太重了，在运输途中必须锁定，以防止瞄准镜振出标定之外。有些时候，Pak 44 型炮存在供应不足的问题，德军只能用 88 毫米口径 Pak 43/3 型炮来应急。少量“猎虎”坦克歼击车装备了 128 毫米 Pak

1944 年末，欧洲西北部某地，美国士兵正在检查一辆缴获的“猎虎”。注意固定炮塔后部的舱门开着，车体上覆盖着防磁性地雷涂层，还有固定在炮塔上的备用履带。

80 型炮。

“猎虎”坦克歼击车最初配备了 1 挺 7.92 毫米口径 MG 34 机枪，以防御步兵攻击。后来增加了 1 挺 MG 34 机枪用于防空。尽管机枪通常情况下能有效对付步兵，但由于安装在车体上，横向转动角度有限，使“猎虎”坦克歼击车很容易被反坦克小组摧毁。更加复杂的问题是，“猎虎”坦克歼击车行动迟缓，常被敌人从多个方向接近后摧毁。当盟军掌握了制空权，能使用战斗轰炸机进行近距离精准攻击后，缓慢的速度进一步限制了“猎虎”在白天的机动能力。

机动VS固定

理论上，“猎虎”坦克歼击车应该是一种无与伦比的机动式坦克歼击平台。然而，实战中它却更像一个碉堡或者炮台。“猎虎”坦克歼击车的产量仅够装备两个重型坦克歼击车营——512 营和 653 营。其中的大部分被击毁或遗弃，但仅有大约 20% 的损失是盟军造成的。“猎虎”坦克歼击车在东线经历了匈牙利战斗和柏林防御战，在西线经历了突出部战役和 1945 年春沿德国边境进行的防御战。

“猎虎”在战斗中

尽管仅生产了 70 辆样车，如猛犸象般的“猎虎”坦克歼击车还是参加了实战，但战斗结果是混乱不清的。机械故障造成“猎虎”坦克歼击车大量损失，乘员缺乏作战经验也造成严重后果。虎式坦克王牌车长奥托 · 卡尔乌斯还记得一辆“猎虎”在转向中将车体侧面暴露出来，因此被数发炮弹击中，导致 6 名乘员全部阵亡。在 1945 年 1 月的一次遭遇战中，一个连的“猎虎”歼击车击毁了 11 辆“谢尔曼”坦克、30 辆载货汽车和其他车辆。

M24“霞飞”轻型坦克（1944）

M24“霞飞”轻型坦克配备了一门75毫米口径炮和3挺机枪。作为一种用于侦察和步兵支援的装甲车辆，它忠实地延续了传统，同时相对前辈M3“斯图亚特”坦克来说有了巨大的进步。

第一批M24“霞飞”轻型坦克于1944年11月，德军发动阿登反击战前几天，装备了在欧洲的美国陆军。在突出部战役（即阿登反击战）期间，两支骑兵部队装备了34辆“霞飞”，用于侦察和支援步兵。事实上，“霞飞”坦克是一种轻型坦克，在火力上，75毫米口径炮相对“斯图亚特”坦克的37毫米口径炮是一个重大的进步。然而，由于装甲防护较弱，M24坦克面对德军坦克、反

M24“霞飞”轻型坦克于1944年11月投入欧洲战场。由于装备数量太少，直到德国投降，这型坦克也没有对盟军的行动产生决定性影响。

主要武器

75毫米口径M6型炮由B-25“米切尔”轰炸机上安装的火炮改进而来。

装甲防护

M24的装甲较薄，车体前部装甲最厚处仅为38毫米。这意味着它面对各式各样的德国反坦克武器时依然很脆弱。

坦克火炮和步兵配备的肩扛式反坦克武器时，依旧显得十分脆弱。

M24“霞飞”轻型坦克以美国陆军阿德纳·R.霞飞将军的名字命名，霞飞被誉为“美国装甲兵之父”。美军研制 M24 坦克是为了对抗不断发展的德国反坦克武器。1943 年春，凯迪拉克公司承担了这项设计工作，原型车 T24 于当年年底试制完成。

“霞飞”的变化

研制工作的重点集中在修改现有的 75 毫米口径炮上，使其能适配新设计的 T24。最终选用的基型火炮是一种早在 20 世纪初就出现的法国火炮，美军不久前对其进行了改进，并装到

同前辈“斯图亚特”相比，M24“霞飞”外观更为现代，线条更为流畅。该型坦克具有较高的速度和火力，但牺牲了装甲防护。

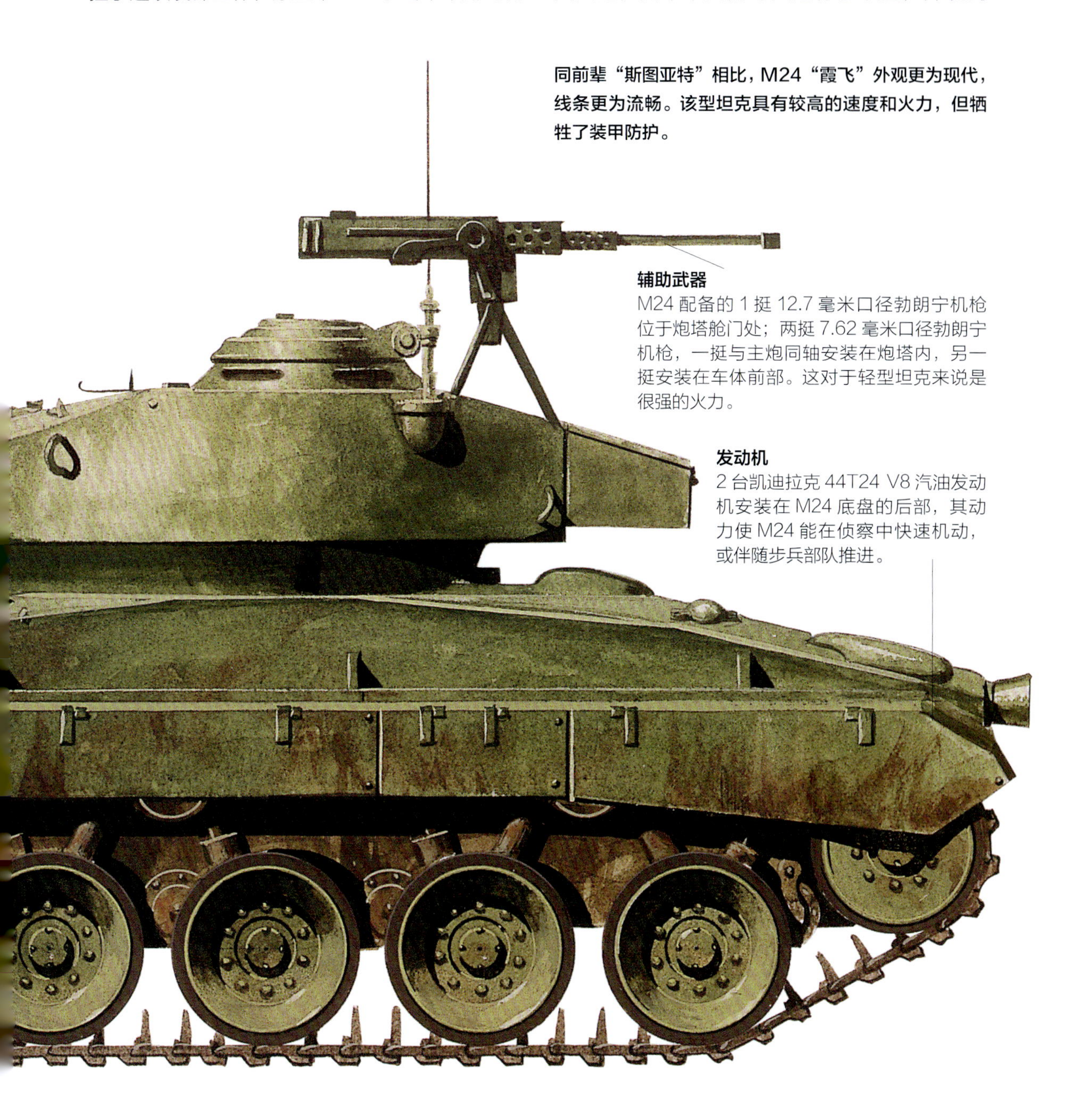

辅助武器
M24 配备的 1 挺 12.7 毫米口径勃朗宁机枪位于炮塔舱门处；两挺 7.62 毫米口径勃朗宁机枪，一挺与主炮同轴安装在炮塔内，另一挺安装在车体前部。这对于轻型坦克来说是很强的火力。
发动机
2 台凯迪拉克 44T24 V8 汽油发动机安装在 M24 底盘的后部，其动力使 M24 能在侦察中快速机动，或伴随步兵部队推进。

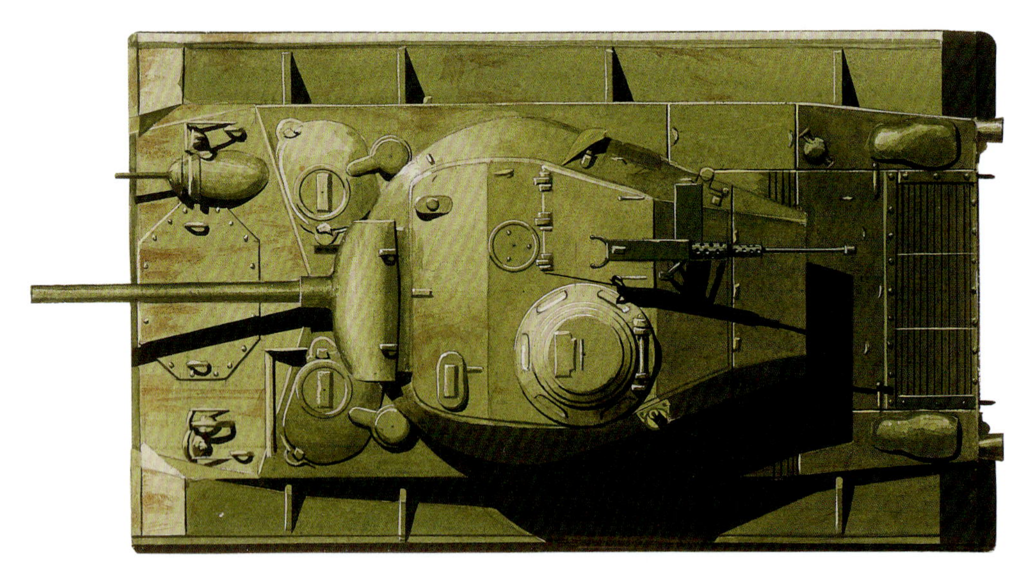

作为“斯图亚特”系列轻型坦克的继任者，M24“霞飞”采用了一门威力更强的火炮，设计更为现代的车体和炮塔，以及更宽的履带，它在复杂地形中具更好的机动性。

B-25“米切尔”中型轰炸机上。为使这型炮能装到T24上，美军对其进行了进一步的改进，并将其命名为M6。T24的辅助武器包括1挺安装在炮塔舱门处枪架上的12.7毫米口径勃朗宁机枪和2挺7.62毫米口径勃朗宁机枪（一挺与火炮同轴安装，另一挺安装在车体前部）。

技术参数：

尺　寸：	车长：5.49米 车宽：2.95米 车高：2.46米
重　量：	18.4吨
发动机：	2台凯迪拉克44T24 V8汽油发动机，总功率为164千瓦
速　度：	56千米/时
武　器：	主要武器：1门75毫米口径M6型炮 辅助武器：2挺7.62毫米口径勃朗宁机枪；1挺12.7毫米口径勃朗宁机枪
装　甲：	9.5~38毫米
续驶里程：	161千米
乘员数：	5人

1944年4月，T24坦克最终通过验收，被命名为M24，由凯迪拉克公司负责生产。到1945年8月停产时，总产量超过4700辆。作为轻型坦克，“霞飞”的内部较为宽敞，共有5名乘员，车长、炮长和装填手位于炮塔内，驾驶员、电台操作手/副驾驶位于车体前部。“霞飞”采用2台凯迪拉克44T24 V8汽油发动机，重18.4吨，最高公路行驶速度可以达到56千米/时。“霞飞”采用了扭杆悬架，具有良好的越野性能。“霞飞”的装甲较薄，厚度仅为9.5~38毫米不等。

相较于“斯图亚特”坦克，“霞飞”坦克几乎采用了全新的设计。两型坦克使用相同的动力传动系统，但具有优美线条的“霞飞”引领了美国装甲车辆发展的新潮流。事实上，“霞飞”是一个装甲车家族的开创者，家族中的车辆使用相同的底盘，但具有不同的用途，包括自行火炮、防空坦克和指挥坦克。

承担的角色

虽然火力可观的 75 毫米口径炮深受欢迎，但很明显，M24 坦克仍然不是“黑豹”或虎式等德国坦克的对手。不过，它在侦察和消灭机枪火力点等目标时十分有效。对于美国人来说，最大的问题在于战争结束前 M24 的生产数量依然不多。在此期间，“斯图亚特”坦克仍是美国装甲部队的主力轻型坦克。少量的 M24 装备了英国军队。

M24“霞飞”坦克真正大放异彩是在 1950—1953 年的朝鲜战争期间。战争初期，“霞飞”坦克得到大量使用，在侦察和支援步兵方面发挥了重要作用。

法国军队在印度支那战争中使用了 M24 坦克，它在奠边府战役期间是法军的主要火力支援武器。1971 年，巴基斯坦军队在与印度的战争中也使用过 M24。M24 被证明是一种性能全面的轻型坦克，甚至称得上第二次世界大战期间盟军研制的最好的轻型坦克。事实上，M24 的可靠性非常高，直到今天仍有一些小国的军队在继续使用经过现代化改装的型号。

迟来的机会

M24“霞飞”是美国研制的轻型坦克。然而，它在第二次世界大战期间的战斗经历并不辉煌，这不是源于它自身的性能不良，而是源于它的产量太少。到战争结束时，仅有 12 辆“霞飞”投入前线。给“霞飞”提供展示机会的“舞台”在世界的另一端。1950—1953 年的朝鲜战争中，在釜山防御战期间，“霞飞”作为一种极有价值的机动火力平台发挥了重要作用，并很好地完成了侦察任务。在下图中，坦克和载货汽车纵队停下来休息时，一辆“霞飞”坦克的乘员正同其他士兵交谈。

10011

第二章　冷战至今的坦克

当今的坦克形象地展现了高新技术令人惊讶的发展速度。自第二次世界大战以来，坦克已经成为一线作战中的主力武器，融合了弹药、观瞄和动力等方面的先进技术。具有讽刺意味的是，操作如此复杂装备的士兵，却经常发现自己身处所谓反恐战争中，面临众多低技术武器的威胁。

IS-3重型坦克（1945）

IS-3是最后一种在第二次世界大战结束前开始生产的苏联重型坦克。尽管它投入使用的时间较晚，没有对战争的结果产生影响，但仍然成为红军的力量象征。

关于苏联IS-3重型坦克的战斗记录一直笼罩着神秘面纱。虽然有报告显示1945年它曾部署到对日作战前线，但是西方学者一致认为，由于投入使用的时间太晚，它并没有真正参加第二次世界大战期间的军事行动。

虽然IS-3坦克是一个迟来者，但是IS系列中的其他型号对伟大的卫国战争产生了显著影响。在付出巨大的代价后，红军终于取得了围绕库尔

发动机
IS-3的动力装置是1台V12柴油发动机，功率为447千瓦。

斯克突出部的长达 1 个多月的战役的胜利。库尔斯克战役中，苏联损失了 6000 多辆坦克，战后甚至成立了一个特别委员会来调查造成这一可怕损失的原因。

根据委员会的调查结果，苏联决定研制一种能与传奇的 T-34 中型坦克相媲美的重型坦克。老式 KV-1 重型坦克已经让位于安装了威力更大的 85 毫米口径炮的 KV-85 坦克。尽管如此，苏联仍继续对 KV-85 坦克进行改进，包括优化了传动装置并重新设计了车体和悬架，由此催生了 IS-1 重型坦克，它比 KV-85 坦克更低矮、更轻。

炮闩
由于炮闩无法沿垂直轴线大幅运动，火炮的俯仰角受到一定限制。
炮塔
半球形铸造炮塔内部空间较小，限制了乘员的动作。
驾驶室
驾驶室采用典型的苏联式设计，空间狭小，极不舒适。

在优化设计的过程中，苏联人意识到 IS-1 坦克能够安装威力更大的火炮。于是相继试装了 100 毫米和 122 毫米口径炮。尽管前者表现出了更好的穿甲能力，但后者的数量充足，且使用高爆弹时对人员等软目标杀伤效果更好，而穿甲能

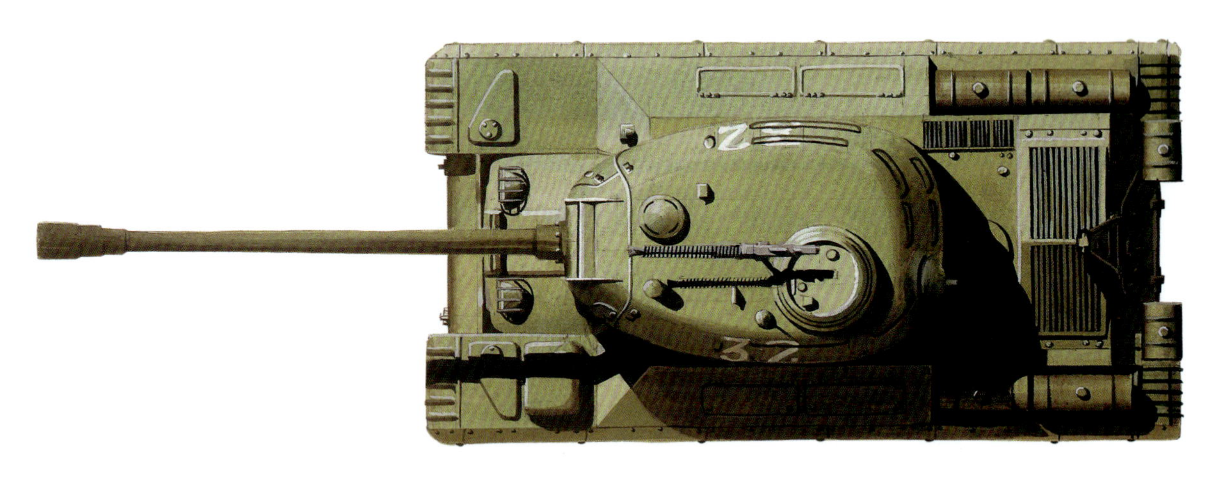

IS-3 重型坦克相对前任 IS-2（上图）有很多改进，包括提升了装甲防护，减小了车体正面投影面积，外形轮廓更为低矮。

力也并不差。

因此，1944 年，第一辆配备了长身管 122 毫米口径 A-19 型炮的 IS-2 坦克投产。A-19 型炮后来被射速更快的 122 毫米口径 D25-T 型炮所取代。D25-T 具有便于识别的双室炮口制退器。

技术参数：

尺　　寸：	车长：6.77 米 车宽：3.07 米 车高：2.44 米
重　　量：	45.8 吨
发 动 机：	1 台 V-2-1S V12 柴油发动机，功率为 447 千瓦
速　　度：	37 千米 / 时
武　　器：	主要武器：1 门 122 毫米口径 D25-T 型炮 辅助武器：2 挺 7.62 毫米口径 DT 或 DM 机枪；1 挺 12.7 毫米口径 Dshk 机枪
装　　甲：	20~230 毫米
续驶里程：	公路：160 千米 越野：120 千米
乘 员 数：	4 人

作为 IS 系列中最后投产的型号，IS-3 于 1945 年 5 月在 M.F. 巴尔茨海姆的监督下在第 100 实验工厂开始总装。尽管 IS-3 一定程度上继承了第二次世界大战时期坦克的设计，但它也是战后坦克中的第一型重型坦克，或可称为连接新老坦克之间的桥梁。不管如何看待，IS-3 都影响了接下来半个世纪的苏联坦克设计，它成为红军冷战早期军事实力的标志。

IS-3 与之前的苏联坦克有相似之处，但设计理念却是完全不同的。第二次世界大战结束时，只有不到 30 辆 IS-3 完成了总装。到了 1946 年中期，红军中的 IS-3 数量已经超过 2300 辆。1945 年 9 月 7 日，一个装备 IS-3 的坦克团参加了红场胜利大阅兵。

IS-3 相比 IS-2 拥有更好的装甲防护，但重量并没有大幅增加。由轧制钢板焊接而成的车体具有较大倾角，而车体前部的宽度和总体尺寸相对 IS-2 都有所减小。D25-T 型炮采用了苏联当时最先进的制造技术。IS-3 车体正面和炮塔的装甲厚度分别增加到 120 毫米和 230 毫米，半球形炮塔像一个倒扣的锅。由于车体棱角分明，IS-3 通常被车组成员昵称为“Shchuka”或“梭鱼”。

D25-T 型炮的身管修长。IS-3 重型坦克的出现使西方观察家大吃一惊。

IS-3 采用半球形炮塔旨在减小正面投影面积，这种炮塔成为此后半个世纪苏联坦克的设计标志。但这也带来两个不良后果，其一是火炮炮闩俯仰角过小，其二是炮塔内部狭小的空间严重限制了乘员的操作自由度。

强大的 IS-3 坦克的出现，使西方军人和政治家们深感震撼，在冷战早期，它被认为是世界同类武器中的翘楚。

冷战的标志

IS-3 重型坦克一直服役到 20 世纪 50 年代，装备苏联红军和一些与苏联交好的国家的装甲部队。埃及曾大量装备 IS-3 坦克，它是那一时期埃及军事演习和训练中的重要角色。在与以色列冲突期间，埃及损失了一些 IS-3 坦克。以色列对许多缴获的 IS-3 坦克进行修复，并装备国防军（IDF）。其中一些 IS-3 的发动机得到了升级，换上了缴获的 T-54S 坦克的发动机。

在右图中，IS-3 坦克极具特色的炮塔，就像一个倒扣的平底锅，很容易辨识。IS-3 坦克狭窄的车体前部和低矮的炮塔，理论上能降低被发现的概率，或提高“跳弹”的概率。

“百人队长”A41 坦克（1945）

作为第二次世界大战期间诞生的一种巡洋坦克，英国的“百人队长”A41原计划用于对抗德国坦克，但由于投入战场时间太晚，并没能与德国坦克战斗。尽管如此，它的服役时间也持续了半个多世纪。

1945 年 5 月，就在第二次世界大战欧洲战事结束几天后，按照 1943 年规格生产的“百人队长”A41 型坦克运抵欧洲大陆。由英国坦克设计局研发的“百人队长”是一种重型巡洋坦克，它的使命是击败给盟军造成大量人员损失的德国装甲部队，但最终并没能与德军正面较量。

车长位置
为迅速捕捉目标，“百人队长”的车长配备了周视测距瞄准镜，与炮长的瞄准镜通过机械方式连接在一起，炮塔右侧有一个旋转指挥塔。
发动机
“百人队长”A41 由 1 台 12 缸劳斯莱斯 Mark IVB 星型发动机驱动，该发动机由梅林航空发动机改进而来。

鉴于战争期间英制坦克的糟糕表现，英国设计师们开始对“彗星”巡洋坦克进行全面改进。英军要求新坦克在野外更为可靠，配备厚重的装甲，能够承受来自德国 88 毫米口径炮的致命一击，拥有良好的公路和越野行驶速度，能保护乘员免受反坦克地雷的伤害。尽管要求相对严苛，但设计师们最终交出了完美的答卷——“百人队长”。

“百人队长”一直没有在战斗中亮相，直到 1950—1953 年的朝鲜战争。它的综合实力相对早期英国坦克有了巨大进步。在长达半个多世纪的服役生涯中，有不少于 12 种衍生型号相继问

“百人队长”A41 坦克在第二次世界大战欧洲战事结束几天之后投入欧洲前线。漫长的服役生涯和令人印象深刻的战绩证明它具有很强的实用性和适应性。

主要武器
大部分“百人队长”的主要武器是 1 门 105 毫米口径 L7A2 型线膛炮，还有少量型号安装了 76.2 毫米和 84 毫米 QF 型炮。
装甲防护
“百人队长”炮塔前部的装甲厚度达到 150 毫米。车体由装甲板焊接而成，前部装甲厚度达到 120 毫米。它的侧裙板使人联想起德国的“黑豹”坦克。

“百人队长”A41 是按照 1943 年规范制造的，主要用来对抗第二次世界大战期间欧洲战场上的德国坦克。倾斜装甲和大口径火炮表明德国坦克对战争末期的盟军坦克设计产生了重要影响。

对比同时期的主战坦克，“百人队长”A41 的缺点较少，主要缺点是续驶里程有限，速度相对较慢，越野能力一般。

世，这证明了“百人队长”具有较高的升级潜力。1945—1962 年，英国皇家兵工厂、利兰公司、维克斯公司和其他国防承包商共计生产了 4423 辆“百人队长”坦克。直到今天，仍有“百人队长”在一些国家的军队中服役。

“百人队长”能适应增重改进，这证明了它有足够大的设计冗余。然而，由于超过了 36 吨的限重，“百人队长”需要一种新型坦克拖车来牵引。

技术参数：

尺　　寸：	车长：7.6 米 车宽：3.38 米 车高：3.0 米
重　　量：	52 吨
发 动 机：	1 台 12 缸劳斯莱斯 Mark Ⅳ B 星型发动机，功率为 485 千瓦
速　　度：	34 千米 / 时
武　　器：	主要武器：1 门 105 毫米口径 L7A2 线膛炮 辅助武器：2 挺 7.62 毫米口径勃朗宁机枪；1 挺 12.7 毫米口径勃朗宁机枪
装　　甲：	17~152 毫米
续驶里程：	公路：185 千米 越野：96 千米
乘 员 数：	4 人

延续过去的布局

“百人队长”的车体为焊接钢质结构，驾驶员位于车体右前，弹药放置在其左侧。车长、炮长和装填手位于炮塔内，车长位于右侧，配有可旋转的指挥塔。装甲倾斜布置，以增大“跳弹”率。车体部位的装甲厚度为 120 毫米，以抵御德国的 88 毫米口径炮弹。其炮塔装甲经过多年逐步增加到 150 毫米。

采用板簧的霍斯特曼悬架取代了早期英国坦克采用的克里斯蒂悬架。“百人队长”搭载 12 缸劳斯莱斯 Mark IVB 流星发动机。流星发动机是由非常成功的梅林航空发动机改进而成的。

早期的“百人队长”坦克安装了一门 76.2 毫米口径 QF 型炮，它原本是一种牵引式反坦克炮。随后，少量“百人队长”安装了 84 毫米口径炮。最终，105 毫米口径 L7A2 型线膛炮成为大部分“百人队长”的主炮。不同型号“百人队长”的辅助武器也各不相同，有些配备了 1 挺 7.62 毫米口径勃朗宁机枪，与主炮同轴安装在炮塔内。也有些配备了 3 挺机枪，包括 2 挺分别安装在炮塔内和车体前部的 7.62 毫米口径勃朗宁机枪和 1 挺安

“百人队长”A41 令人印象深刻的战绩，要拜它过硬的装甲防护和精准的 105 毫米口径主炮所赐

装在炮塔顶部的 12.7 毫米口径 M2 型勃朗宁高射机枪。

长寿的军事生涯

“百人队长”A41 型坦克参加了朝鲜战争和越南战争。在 1965 年和 1971 年的短暂战斗中，印度军队的“百人队长”坦克摧毁了许多巴基斯坦军队的美制 M24“霞飞”轻型坦克。在 1967 年“六日战争”和 1973 年“赎罪日”战争中，以色列国防军卓有成效地运用了“百人队长”。目前，“百人队长”的一些变型车，如抢救车、架桥车和人员输送车等，仍在一些国家的军队中使用。

以色列对“百人队长”坦克进行改进，生产出“肖特”（Sho't）坦克。“肖特”一直服役到 20 世纪 90 年代。“赎罪日”战争期间，在与叙利亚的苏制 T-54/55 和 T-62 坦克一对一的战斗中，“肖特”经常占据上风。一份报告表明，在戈兰高地 30 小时的激烈战斗中，2 辆受损的“肖特”坦克抵挡住了超过 100 辆叙利亚坦克——相当于一个装甲师的进攻，并击毁了其中的 60 辆。以色列对“百人队长”坦克的主要改进包括采用了先进的灭火抑爆装置和大陆公司的 AVDS-1790-2R 柴油发动机，这些大大提高了它的整体性能。

守住战线

在朝鲜战争期间，“百人队长”A41 坦克有效地承担起进攻和防御任务。1951 年 3 月，当中国人民志愿军和朝鲜人民军进攻由英国第 29 步兵旅防守的沿汉城北部临津江江岸的防线时，第 8 皇家爱尔兰轻骑兵团的“百人队长”坦克有效掩护了撤退的联合国军队。

美国第 1 军团的约翰 · O · 丹尼尔将军对英国坦克兵这样评价：“第 8 皇家爱尔兰轻骑兵团教会了我们，任何地方只要坦克能够到达，就能使用坦克——哪怕是在山顶上。”

T-54/55 主战坦克（1947）

苏联 T-54/55 系列主战坦克是迄今为止世界上产量最大的坦克。直到今天，它仍然在许多小国和第三世界国家的军队中服役。

在第二次世界大战的最后日子里，苏联工程师认为尚在试验中的 T-44 中型坦克不足以替代 T-34 坦克。随着 T-44 坦克项目的失败，苏联人决定在其车体上安装一个新型半球形炮塔。最终生产出的 T-54 原型车经历了多次修改。

T-54/55 坦克在苏联、波兰和捷克斯洛伐克等

T-54/55 系列主战坦克的生产持续近 40 年，装备了苏联和《华沙条约》各成员国的装甲部队。它长盛不衰的原因可能是可塑性较强，可根据不同需求进行改进。

主要武器
T-54/55 最初配备的是 1 门 100 毫米口径 D10T 型炮，后来升级为 D10TS 型炮，增加了抽烟装置和改进型火炮瞄准系统。

三防
随着核时代的到来，在发生核爆炸的情况下提高乘员的生存力变得十分必要。20 世纪 50 年代，T-54/55 开始安装三防（防核武器、防生物武器和防化学武器）装置。

国都有生产。从 1945 年投产到 1983 年底停产，共有约 86000 辆或更多 T-54/55 坦克驶下生产线。

大量改进

到 20 世纪 50 年代后期，苏军开始对最初的 T-54 进行改进，并将改进型命名为 T-55。从外观上看，T-54 和 T-55 几乎完全一样。两型坦克之间的主要区别是，T-55 坦克采用功率更大的发动机，改进了火炮，并提高了三防能力。该坦克最初采用 12 缸 V-54 柴油机，改进型克里斯蒂悬

炮塔
T-54/55 的扁平圆顶炮塔看上去像一个倒扣的汤碗。炮塔内部拥挤，降低了乘员的动作效率。车长、炮长和驾驶员都位于车体左侧，这意味着只要被一发炮弹命中就可能造成 3 人伤亡。
发动机
T-54/55 的 12 缸柴油发动机采用了脆弱的镁合金结构，很容易发生机械故障。改进后的 V-55 仅部分解决了 V-54 存在的问题。
危险的储存方式
油料和弹药的存放位置靠近 T-54/55 的发动机，增加了被击中时起火和发生殉爆的可能性。

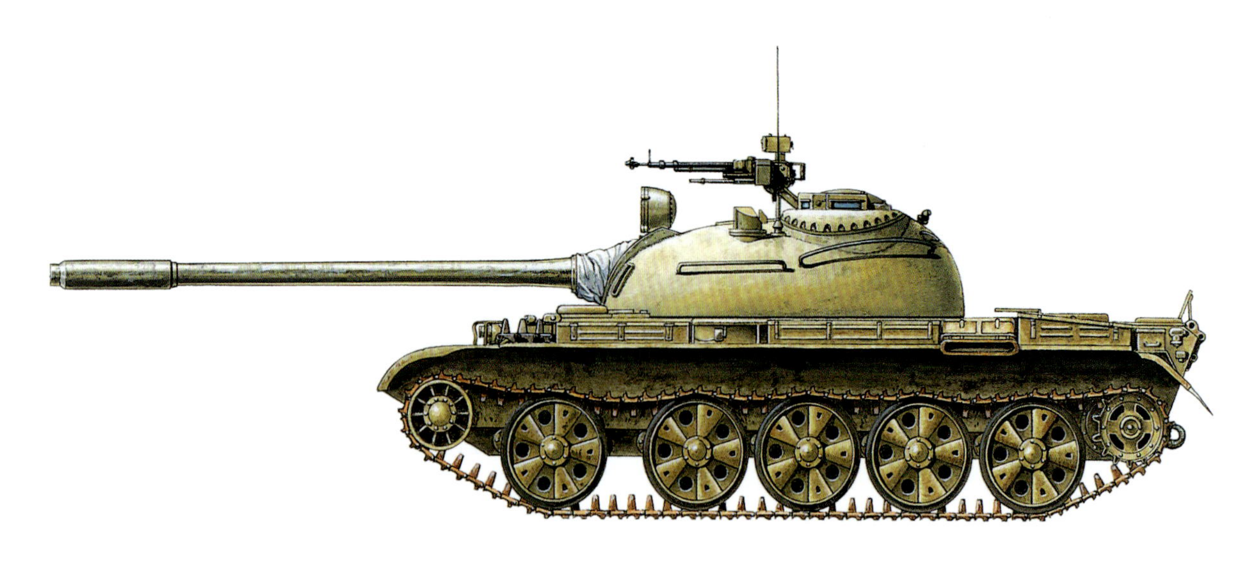

T-54/55 从失败的 T-44 项目演化而来。它比同一时代的专门制造的主战坦克要轻。

架和机械定轴传动方式。装甲厚度从车体顶部的 30 毫米到车体前部的 170 毫米不等。在随后的几年里，其装甲厚度多次改变。T-54 坦克重 36 吨，比同时代其他主战坦克都要轻，这源于它最初是作为一款中型坦克来设计的。

T-54 最初采用 100 毫米口径 D10T 型炮，该炮从一种高平两用舰炮改装而来。由于缺少计算机火控系统，该炮的效能受到一定限制。

技术参数：

尺　　寸：	车长：6.45 米 车宽：3.27 米 车高：2.4 米
重　　量：	36 吨
发 动 机：	1 台 12 缸 V-54（后期为 V-55）柴油发动机，功率为 388 千瓦
速　　度：	50 千米 / 时
武　　器：	主要武器：1 门 100 毫米口径 DT10T 线膛炮（后期为 D10T2S） 辅助武器：1 挺 7.62 毫米口径 PKT 机枪；1 挺 12.7 毫米口径 DShKM 机枪
装　　甲：	20~170 毫米
续驶里程：	500 千米
乘 员 数：	4 人

持久力

批评者指出，与同时代主战坦克相比，T-54/55 坦克的装甲防护不足，车体内部的布局也存在许多方面的问题：燃料和弹药紧靠在一起存放，存在被直接命中后发生爆炸的隐患；炮塔空间狭小，妨碍了乘员在战斗中的操作和主炮的转动；V-54 柴油机机体的主要材料是镁合金，既容易起火，又容易导致油管被金属磨屑堵塞。

T-54/55 有 4 名乘员，包括驾驶员、车长、装填手和炮长。驾驶员位于车体前部，其他乘员位于炮塔内。只要有一发炮弹命中炮塔，就可以杀死或重伤 3 名乘员。20 世纪 50 年代中期，T54A 坦克加装了基本的三防系统和主炮稳定器。T-54B 进一步改进了火控系统，为

D10T2S 型炮配备了双向稳定器。T-54C 于 1960 年首次亮相，安装了与炮塔齐平的装填手舱门，并且拆除了 1 挺机枪。

1958 年，T-55 坦克问世。它与中期生产的 T-54 坦克有以下差异：装填手的圆顶、炮塔圆顶通风口和 12.7 毫米口径机枪被拆除。T-55 采用了由 V-54 改进而来的 V-55 柴油发动机，但是仍然容易发生故障。进一步的改进包括安装了激光测距仪，提高了装甲防护和采用了旋转炮塔吊篮，从而减轻了装填手的负担。

代理人战争与革命

在越南战争期间，美军的“巴顿”坦克同越南人民军的 T-54 坦克进行了较量，并且占了上风。1972 年 8 月，在广治省首府东河市附近的战斗中，M48A3 坦克击毁了 16 辆 T-54 坦克，自身毫无损失。

1956 年，匈牙利“十月事件”期间，碾过布达佩斯街道的 T-54 成为苏联强权的象征。在与巴基斯坦的战争中，印度军队的 T-54 坦克发挥了重要作用。然而，“六日”战争和“赎罪日”战争期间，当 T-54 坦克对抗以色列的“百人队长”坦克时，却没有这么好的结局。

1991 年海湾战争中，萨达姆·侯赛因的军队被击败后，一辆被丢弃的 T-54 坦克（下图）。

AMX-13 轻型坦克（1952）

可空运的法国 AMX-13 轻型坦克研制于第二次世界大战结束后不久，一直生产到 20 世纪 80 年代，并出口到许多国家。它在许多方面有所创新，其中包括摇摆炮塔和自动装弹机。

第二次世界大战结束后，法国军事工业迅速恢复，首批生产的武器装备中就有 AMX-13 轻型坦克。1946 年，伊西莱姆利罗公司（AMX）开始研制一种新型坦克歼击与侦察车，后来改为研

弹药存储
AMX-13 的摇摆炮塔只有 2 个 6 发弹药架给自动装弹机供弹，其他弹药存储在车体尾部。

发动机
AMX-13 配备了 8 缸 SOFAM 汽油发动机。后期的型号采用 1 台柴油发动机，提高了续驶里程，并且降低了发动机起火的风险。

AMX-13 采用自动装弹机，使乘员数减少到 3 人，炮塔内部的两个弹药架只能存放 12 发弹药。

制一种轻型坦克，目标是可空运且适合空降部队使用。AMX-13 得名于其原型车 13 吨的全重。该坦克由罗昂制造厂于 1952 年开始生产，并在 20 世纪 80 年代停产，共有 7700 辆 AMX-13 和其变型车下线。

AMX-13 坦克采用了第二次世界大战时期坦克的一些部件，同时也采用了创新性设备。车体内部分成前舱和战斗室，驾驶员位于前舱左侧；SOFAM 公司的 V-88GXb 汽油发动机位于右侧，废气通过外部弹药储藏室附近的管子排出；车长

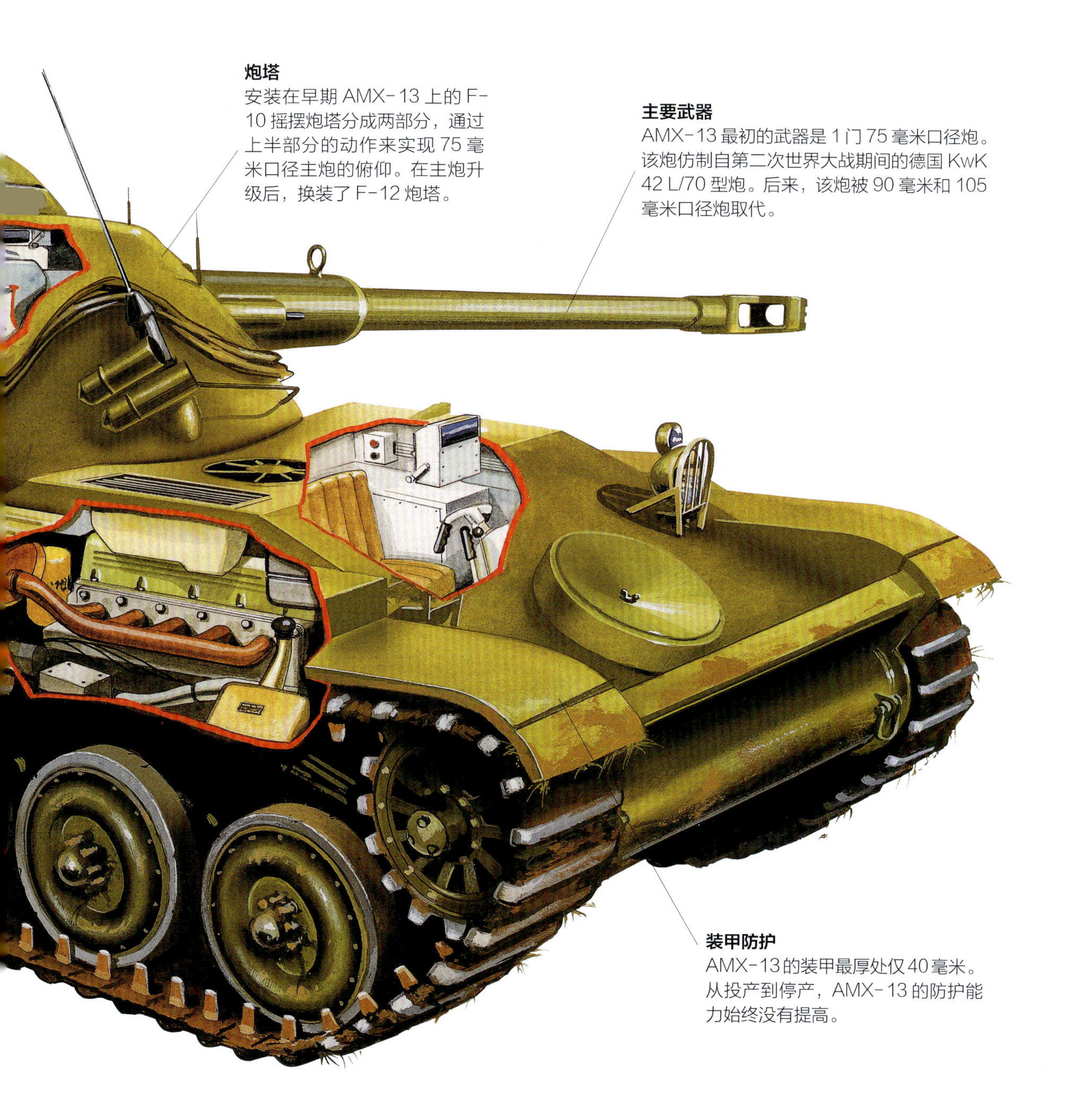

炮塔
安装在早期 AMX-13 上的 F-10 摇摆炮塔分成两部分，通过上半部分的动作来实现 75 毫米口径主炮的俯仰。在主炮升级后，换装了 F-12 炮塔。
主要武器
AMX-13 最初的武器是 1 门 75 毫米口径炮。该炮仿制自第二次世界大战期间的德国 KwK 42 L/70 型炮。后来，该炮被 90 毫米和 105 毫米口径炮取代。
装甲防护
AMX-13 的装甲最厚处仅 40 毫米。从投产到停产，AMX-13 的防护能力始终没有提高。

潘哈德 EBR 轮式装甲车采用与 AMX-13 相同的摇摆炮塔。EBR 安装了 AMX-13 的 75 毫米口径炮。该车于 20 世纪 50 年代开始生产，大约生产了 1200 辆。

和炮长位于摇摆炮塔内。

AMX-13 的 FL-10 炮塔同常规炮塔大相径庭，由 Fives-Gail Babcock 公司设计，安装在底盘后部，一门固定主炮安装在炮塔上半部分中。通过摆动炮塔上半部来实现主炮的俯仰。摇摆炮塔可以提供一个稳定的射击平台，但它在山地使用时存在问题，尤其是需要较大俯仰角以消灭山后的敌方目标时。

摇摆炮塔确实有利于安装自动装弹机，从而减少 1 名乘员，并能在战斗中减少反应时间，提高射速。然而，AMX-13 坦克内部仅有两个装有 6 发炮弹的弹药架，一旦这 12 发炮弹消耗完毕，就必须撤回相对安全的位置，由乘员在车外重新装填。在此过程中，乘员可能会暴露在敌人的炮火之下，容易造成伤亡。

早期型 AMX-13 坦克安装了扭杆悬架和 SOFAM 汽油发动机。在生产后期，采用了柴油发动机以降低起火的概率；同时，它采用了自动变速器。AMX-13 作为出口武器很受欢迎，许多购买了该坦克的国家都自行对其进行了改装。

AMX-13 坦克最初安装的是一门带单室炮口制退器的 75 毫米口径炮，该炮仿制自德国“黑豹”中型坦克的 KwK42L/70 型炮。1966 年，AMX-13 坦克的主炮升级为 90 毫米口径炮，而

技术参数：

尺　　寸：	车长：4.88 米 车宽：2.5 米 车高：2.3 米
重　　量：	15 吨
发 动 机：	1 台 SOFAM 8 缸汽油发动机
速　　度：	60 千米 / 时
武　　器：	主要武器：1 门 75 毫米口径炮 辅助武器：2 挺 7.5 毫米口径或 7.62 毫米口径 FN1/AAT52 机枪
装　　甲：	10~40 毫米
续驶里程：	公路：400 千米 越野：250 千米
乘 员 数：	3 人

尽管可空运的 AMX-13 在设计上非常有创新性，但受限于较弱的装甲防护和较小的主炮俯仰角，它在战场上的表现并不理想。

采用 105 毫米口径低速炮的型号主要用于出口。相应的换装了 FL-12 炮塔。辅助武器包括 1 挺 7.5 毫米口径或 7.62 毫米口径 FN1/ AAT52 机枪，与主炮同轴安装在炮塔内；1 挺 7.62 毫米口径高射机枪。在某些情况下，指挥塔附近也会安装一挺机枪。

克服障碍

虽然 AMX-13 坦克的重量很轻，能空运到作战区域，但为此牺牲了装甲防护。其最大装甲厚度只有 40 毫米，容易受到除轻武器以外的任何武器的攻击。1964 年，克勒索 - 卢瓦尔公司接过 AMX-13 坦克的生产工作。20 世纪 70 年代，AMX-13 从法国军队退役，但仍用于出口。到 1987 年停产时，有超过 3000 辆 AMX-13 坦克出售给其他国家。其改进型加装了计算机火控系统、激光测距仪和三防系统，并提高了夜战能力。

尽管 AMX-13 坦克具有独特的创新设计并且风靡武器出口市场，但它在战斗中的表现却令人失望。它主要承担侦察和支援步兵的任务，但与敌方坦克遭遇时总会处于劣势。以色列军队在 1956 年的苏伊士运河危机和 1967 年“六日战争”中使用了 AMX-13 坦克，但战争结束后不久就将其退出现役。

M48“巴顿”中型坦克（1952）

M48“巴顿”中型坦克的研制吸取了美国在朝鲜战争中的装甲装备使用经验，它是战后“巴顿”系列坦克中的第三型，并且是最为成功的一型。

冷战期间，为准备在西欧平原上可能发生的与华约集团之间的坦克战，同时根据朝鲜战争的经验，美国设计师希望基于原有的“巴顿”系列坦克——M46和M47，研制一型中型坦克。这型坦克要具有合理的成本，并且能进行持续改进升级。

最初，这种配备90毫米口径炮的坦克被命名为T48，即M48的原型车，它于1951年2

车体结构
M48“巴顿”中型坦克的车体呈碗状，抛弃了M47呈盒子状的焊接车体，转而采用整体铸造车体。

M48“巴顿”坦克是越南战争期间美军装甲部队的主要装备。在茂密的丛林中，炮塔上安装的机枪对于杀伤敌方步兵十分有效。

发动机
早期M48的大陆ABDS-1790-5B汽油发动机容易起火。后来换成了大陆公司的AVDS-1790-2柴油发动机，同时也增加了续驶里程。

月 27 日按照美国军方发布的技术规范开始制造。M48 坦克以美国第二次世界大战时期著名将军乔治·巴顿的名字命名，于 1953 年开始全面量产。M48 的生产一直持续到 1959 年，期间共计生产了超过 12000 辆。克莱斯勒汽车公司、福特汽车公司和费舍尔坦克厂都生产过不同版本的 M48。该坦克被大量出口，在许多国家的军队中服役了 60 年以上。

重构的勇士

美国工程师以早期“巴顿”系列坦克的设计为基础，对 M47 坦克的炮塔和车体进行了改进，取消了车体航向机枪，将乘员数从 5 人减少到 4 人——车长、炮长、装填手和驾驶员。采用倾斜

装甲防护
M48 的装甲防护相对于先前的“巴顿”系列坦克有一定提高。炮塔的装甲厚度：两侧为 75 毫米，正面为 110 毫米。车体正面的装甲厚度达到 120 毫米。
主要武器
早期的 M48 主要武器是 1 门 90 毫米口径炮。以色列对其进行了升级，采用了 105 毫米口径 L7A1 型炮，美国随后也改用该型炮。可通过显眼的炮口制退器来辨识这型炮。
逃生舱
M48 车体的底部安装了一个逃生舱门，使乘员能在紧急时刻离开坦克。

M48 的服役生涯长达 60 多年，至今仍在一些国家的军队中服役。M48 的“长寿”主要归功于它的升级冗余较大，使用效费比较高。上图为西班牙军队装备的 M48。

装甲，增加来袭炮弹的“跳弹”概率，提高了整体铸造而成的卵形炮塔的防护能力。

M48 坦克的装甲防护相对于先前的“巴顿”系列坦克有一定提高。炮塔的装甲厚度：两侧为 75 毫米，正面为 110 毫米。车体正面的装甲厚度达到 120 毫米。

技术参数：

尺　　寸：	车长：6.82 米 车宽：3.63 米 车高：3.1 米
重　　量：	47 吨
发 动 机：	1 台大陆 AVDS-1790-2 柴油发动机，功率为 559 千瓦
速　　度：	48 千米 / 时
武　　器：	主要武器：1 门 90 毫米口径 M41 炮 辅助武器：1 挺 7.62 毫米口径 M73 机枪；1 挺 12.7 毫米口径勃朗宁 M2 机枪
装　　甲：	13~120 毫米
续驶里程：	公路：465 千米 越野：300 千米
乘 员 数：	4 人

车体也采用整体铸造方式。保留了扭杆悬架，采用大陆公司生产的 AVDS-1790-5B 12 缸风冷双涡轮增压汽油发动机。

起初，M48 的主要武器是 1 门 90 毫米口径炮。这种炮从一开始就存在缺陷，由于缺少稳定装置，它在车体运动中很难瞄准目标。辅助武器包括 1 挺 12.7 毫米口径勃朗宁 M2 机枪，安装在车长指挥塔上；1 挺由岩岛兵工厂设计、通用电气公司生产的 7.62 毫米口径 M73 同轴机枪。

关键改进

一开始，大陆公司的汽油发动机存在很大缺陷，导致 M48 的续驶里程有限，而且很容易起火。M48A3 的发动机更换为大陆公司的 AVDS-1790-2D 12 缸水冷柴油机，于 1963 年装备美国陆军装甲部队。M48A3 的装甲厚度最大增加到 120 毫米，倾斜角为 60 度。然而如果炮塔被击穿，则液压油会从破裂的管路中喷射到坦克内部，很容易起火。

后来，持续不断的改进解决了 M48 存在的问题。M48A1 采用了新驾驶舱布局和新车长指挥塔，使 M2 机枪可以在炮塔内装填和射

一辆 M48“巴顿”中型坦克在训练中冲上滩头，可见其 105 毫米口径炮以及探照灯。

击。M48A2 上安装了燃油喷射发动机、更好的火控系统、更大的燃油箱和 T 形炮口制退器。M48A3 采用了柴油发动机。配备了简易测距仪，以及包括弹道计算机的新火控系统。

M48A3 共计生产了 1019 辆，同时有大量早期型 M48 升级为 M48A3。美国陆军第一批接收了 600 辆 M48A3，美国海军陆战队也接收了相同数量的 M48A3。其中大部分部署到越南，在支援步兵方面发挥了重大作用，尽管那里的地形对装甲部队的作战并不理想。

继续增强火力

20 世纪 60 年代中期，以色列国防军开启了一个项目，将 M48 的主炮升级为 105 毫米口径 L7A1 型炮，同时提高火控系统性能，减小指挥塔的体积。美国工程师对这些改进进行了评估，将其应用到一部分“巴顿”坦克上，命名为 M48A5。由于易升级和使用成本较低，M48“巴顿”中型坦克一直服役到 21 世纪，装备了 20 多个国家的军队。

优异的“巴顿”坦克

“巴顿”系列中型坦克诞生于第二次世界大战结束后，成为冷战早期美国的一线作战装备。M48 由 M46 和 M47 中型坦克改进而来，深受北约成员国欢迎。1965 年，巴基斯坦军队装备的 M48 首次参加实战，在与印度军队的“百人队长”作战中遭受了严重损失。

“六日”战争期间，约旦军队的 M48 因采用外部附加油箱而容易受到损伤。以色列国防军为 M48 换装了威力更大的 105 毫米口径炮，并将其投入到战争一线。与此同时，在越南，美军部署了 600 辆 M48，尽管丛林并不是使用坦克的理想地形，但这些 M48 在支援步兵方面发挥了很大作用。

PT-76 两栖坦克（1952）

PT-76 满足了苏联军方对一种可在陆地和水上使用，并为步兵提供支援的两栖坦克的需求。

20 世纪 40 年代末，苏联军方的注意力再次转向轻型坦克。他们对新型轻型坦克的要求包括：具备两栖能力，能在陆地、沼泽地和水上使用；配备充足的火力以进行自卫，并能为步兵提供直接火力支援；可靠的野外性能。

PT-76 两栖坦克是在第二次世界大战后不久研制的，生产一直持续到 20 世纪 60 年代末。它主要承担两栖侦察和为步兵提供火力支援的任务。

主要武器
PT-76 最初采用 76.2 毫米口径 D-56T 型炮，后来换装 D-56TM 型炮，最后换装了 D-56TS 型炮，采用双向稳定器，升级了火控系统。

车体配置
PT-76 的车体像一个浮箱。它能在水上稳定航行，除非出现大浪。

苏联设计师设计出许多原型车，其中一个暂定名为 740 项目，显示出巨大潜力。在试验过程中，新型坦克所展示的两栖作战能力正是苏联军方所需要的，它形似装甲车与冲锋舟的独特混合体。1951 年，新坦克正式定型，并被命名为 PT-76，于 1953 年在伏尔加格勒坦克工厂投产。

攻击性的“两栖动物”

PT-76 的生产一直持续到 1959 年，总产量约为 12000 辆。据说，直到今天还有 30 辆仍在俄罗斯海军陆战队中服役。PT-76 在生产高峰期时出口到超过 25 个国家。

PT-76 的服役生涯证明它达到了设计目标。

通气装置
显眼的通气装置位于炮塔后部通气口上方。当PT-76 在水上行驶时，氧气由此进入坦克内部。然而，它也可能让发动机排放的废气进入车内。
装甲防护
为了在水中保持浮力并在陆上保持较快的速度，PT-76 的装甲非常薄，其装甲最厚处仅为 20 毫米，面对除轻武器以外的任何重型武器都非常脆弱。
发动机
V6B 水冷柴油发动机能满足PT-76 的陆上行驶需求。在水上，PT-76 靠一个喷水推进装置驱动。

PT-76 一直保持着对同期其他两栖车辆的优势。它能随时下水行驶，无需进行准备，避免使乘员暴露在敌方火力之下。

车体的轮廓和倾斜的车首类似船艇。车体由冷轧均质钢板焊接而成，分为两个舱室。PT-76 的倾斜车首增强了车体的浮力，其低矮的轮廓让人联想起其他苏联坦克。

狭窄的双人炮塔位于车体前部，驾驶员在车体前部，车长位于炮塔内靠右，炮长位于其左侧。这种设计并没有克服早期苏联坦克设计中的缺陷，即车长需要协助炮长操作 76.2 毫米口径 D-56T 型炮，这限制了车长在战斗中的发挥。

车长通过 3 具潜望镜观察外部情况，他常需要给驾驶员指示方向，因为穿越河流时河水会模糊驾驶员的视野。炮手使用 MK-4 瞄准镜，但由于主炮没有稳定器，不能在行进间射击。

PT-76 采用 V-6B 直列水冷柴油发动机，陆地行驶速度可达 44 千米 / 时。水上行驶时，PT-76 坦克由一对喷水推进装置驱动，该装置将水抽到系统中，然后用巨大的压力将水喷射出去，PT-76 的水上最高行驶速度为 10.2 千米 / 时。PT-76 还安装了一个通气管用于辅助涉水，然而它却容易将废气吸入车内，这对乘员而言是一个潜在的危险。

技术参数：

尺　　寸：	车长：6.91 米 车宽：3.15 米 车高：2.33 米
重　　量：	14 吨
发 动 机：	1 台 V6B 柴油发动机，陆地行驶时功率为 179 千瓦；涉水和渡河时采用水上推进装置
速　　度：	陆地：44 千米 / 时 水上：10.3 千米 / 时
武　　器：	主要武器：1 门 76.2 毫米口径 D-56TS 型炮 辅助武器：1 挺 7.62 毫米口径 SGMT 机枪；1 挺 12.7 毫米口径 DShKM 机枪
装　　甲：	5~20 毫米
续驶里程：	260 千米
乘 员 数：	3 人

战斗还是逃走

除非有大浪，PT-76 在水中航行时相当稳定，这是通过减少装甲防护和采用空心负重轮实现的。炮塔前部的装甲仅有 20 毫米厚，只能保护乘员免受 12.7 毫米口径以下轻武器、小型炮弹破片和火焰的伤害。

PT-76 装备一门极具攻击能力的 76.2 毫米口径炮。1957 年，升级为 D-56TM 型炮，该炮装有双室炮口制退器、排烟孔和抽烟装置。两年后，PT-76B 型采用了 D-56TS 型炮。D-56TS 配备了双向稳定器，能在行进间射击，还安装了性能更好的无线电设备和三防系统，改进了光学仪器和电子设备。辅助武器包括 1 挺 7.62 毫米口径 SGMT 同轴机枪，一些后期型号还安装 1 挺 12.7 毫米口径高射机枪。

经过多年使用，PT-76 已经证明其在侦察和步兵支援方面的优异能力。尽管装甲防护不强，但它至少堪称优秀的两栖坦克。

遍布全球

在世界各地的冲突中都能看到 PT-76 的身影，尤其是越南战争和 20 世纪 60-70 年代的历次中东战争。进入 21 世纪后，俄罗斯军队在车臣也使用过 PT-76。

M60“巴顿”主战坦克（1960）

苏联强大的装甲力量引发了美国和北约军事指挥机构的担忧。作为应对措施，美国对 M48“巴顿”中型坦克进行了大幅改进，推出了 M60 主战坦克。

有报告表明苏联的新型主战坦克比北约国家正在研制或已经部署的任何一种坦克都更具战场优势，这促使美国开始评估是设计一种全新的主战坦克，还是改进 M48“巴顿”中型坦克。

辅助武器
车长指挥塔上装有 1 挺 12.7 毫米口径 M85 勃朗宁高射机枪，配备 M2 型弹。主炮左侧安装 1 挺 7.62 毫米口径 M73 勃朗宁机枪。M239 型烟幕弹 - 榴弹发射器，炮塔两侧各装 6 个。

炮塔
早期型 M60 的炮塔同 M48 的相似。M60A1 和 M60A3 换装了尖鼻状的炮塔，其正面投影面积有所减小

装甲防护
M60 的炮塔正面装甲厚度达到 150 毫米。它是美国主战坦克中唯一一型采用均质钢装甲的。

M48 自 20 世纪 50 年代初开始服役，已经历了多次改进。

当苏联正在研制新型 T-62 主战坦克时，美国设计师开始努力提高陆军一线坦克的性能。同时，英国的情报机构也开始关注华约国家正在引进的苏联新型坦克以及其所配备的 100 毫米和 115 毫米口径坦克炮。美国人于 1957 年开始对 M60 坦克进行测试，并在随后两年里逐步对其进行优化。

M60 是美国陆军装备的第一型主战坦克。尽管它同 M48 坦克关系密切，但相对于此前的“巴顿”系列坦克已经有了显著改进。

主要武器
M60 的主要武器是 105 毫米口径 M68 型炮，该炮是英国 L7A1 型炮的特许生产型。
发动机
M60 采用了大陆公司的 12 缸 AVDS-1790-2 双涡轮增压柴油发动机。

M728 CEV（战斗工程车）以 M60 主战坦克为基础改进而来，安装了一门 165 毫米口径 M135 型炮，该炮是英国 L9A1 型炮的特许生产型，L9A1 型炮也用在英国以“百人队长”坦克为基础改装的工程车上。

相似但是不同

尽管 M60 在许多方面独具匠心。但它与此前的“巴顿”系列坦克，例如 M46、M47 和 M48 等，还是有密切关系的，而这些坦克的原型可以追溯到第二次世界大战后期的 M26“潘兴”重型坦克。M48 的主要问题是续驶里程有限，重量大、油耗高和装甲保护相对薄弱。M60 于 1960 年投产，炮塔外形类似椭圆形，其内部布局本质上延续了先前的坦克，驾驶员位于车体前部，车长、炮长和装填手位于战斗室内。大陆公司生产的 AVDS-1790-2 V12 双涡轮增压柴油发动机安装在后部的动力舱内。M60 采用了新颖的套管 - 扭杆悬架，扭杆被封闭在一个管中。

M60 的炮塔相较 M48 前移 12 厘米，内部空间更充裕。炮长位于炮塔内右前位，装填手在其左侧，车长位于其后。驾驶员通过 3 具潜望镜和红外夜视仪观察路况。炮长使用炮塔顶部安装的红外潜望镜，车长则使用手动旋转指挥塔上的 8 具观察镜。

M60 的主要武器是一门 105 毫米口径 M68 型炮，它是性能优异的英国 L7A1 型炮的特许生产型，也用在德国“豹”I 坦克和英国“百人队长”

技术参数：

尺　　寸：	车长：6.94 米 车宽：3.6 米 车高：3.2 米
重　　量：	45 吨
发 动 机：	1 台大陆 V12 AVDS-1790-2 双涡轮增压柴油发动机，功率为 560 千瓦
速　　度：	48 千米 / 时
武　　器：	主要武器：1 门 105 毫米口径 M68 型炮 辅助武器：1 挺 7.62 毫米口径 M73 勃朗宁机枪；1 挺 12.7 毫米口径 M85 勃朗宁机枪
装　　甲：	150 毫米
续驶里程：	480 千米
乘 员 数：	4 人

坦克上，甚至装备了 M48 的一些改进型。M68 型炮可由车长或炮长操作，战斗效率较高。

试验和改进

M60A1 和 M60A3 舍弃了早期型 M60 的炮塔，换装了尖鼻状炮塔，以减少正面投影面积。车体前部的装甲厚度增加到 127 毫米。M60A3 坦克于 1977 年开始生产，装备了休斯公司的集成式激光测距瞄准仪、供车长使用的热成像仪、供炮长使用的 VGS-2 热成像仪和 VVG-2 激光测距仪，以及弹道计算机。到 20 世纪 80 年代后期，M60A3 加装了外挂式反应装甲，以更好地抵御反坦克武器。

20 世纪 70 年代后期，大量在役的 M60A1 被升级到 M60A3 的规格。同时进行了一些改进，包括采用了带衬垫的履带，便于在野战环境中更换，安装了烟幕弹发射器和潜渡设备。

有些人认为 M60 是一型全新的主战坦克，也有些人认为它只是“巴顿”系列坦克的延续。

宝刀不老

M60 最终于 1987 年停产，直到今天仍在多个国家和地区的军队中服役。M60 还与 M1“艾布拉姆斯”主战坦克一同参加了 1990—1991 年的“沙漠风暴”行动。

射击明星

从 1960 年到 1987 年，美国共计生产了 15000 辆 M60 主战坦克及其衍生型。少量 M60 曾部署到越南。以色列国防军装备的 M60 参加了 1973 年的“赎罪日”战争，伊朗军队装备的 M60 参加了两伊战争和“沙漠风暴”行动。目前仍有少量 M60 在美国陆军中服役。

M60A2 绰号“星际战舰”，安装了能发射“橡树棍”反坦克导弹的 152 毫米口径炮。该型仅生产了 550 辆，大部分被封存。

T-62 主战坦克（1961）

T-62 只是在 T-54/55 系列主战坦克基础上进行了少量改进，然而却成为 20 世纪 60 年代苏军的主力坦克，并且大量装备了华约国家军队。

相对 T-54/55 系列主战坦克而言，T-62 主战坦克的改进并不算成功，甚至带来了一些操作上的问题，限制了其性能发挥。

北约国家在坦克设计上的优势，以及美国“巴顿”系列和英国“百人队长”系列坦克的服役，促使苏联开始重新评估 T-54/55 系列坦克的 100 毫米口径 D10T2S 型炮，并考虑换装威力更强的主炮。在为 T-54/55 直接换装带稳定器的 115 毫米口径 U5TS 滑膛炮的尝试失败后，苏联设计师选择加长车体，同时加固了炮塔座圈，以容纳口径增大的主炮，并缓冲更大的后坐力，由此催生了 T-62 主战坦克。T-62 的量产在苏联从 1961 年持续到 1975 年，在捷克斯洛伐克从 1975 年持续到 1978 年，在朝鲜则一直持续到 20 世纪 80 年代，总产量达 23000 辆。

主要武器
在线膛炮广泛使用多年后，115 毫米口径 U5TS 滑膛炮引领坦克的主炮进入了新时代。
装甲防护
T-62 的车体前部装甲厚度为 102 毫米，以 60 度倾角布置，但一些专家认为这不足以抵御北约国家的反坦克武器。

少量改进

尽管 T-62 从 20 世纪 60 年代初就开始服役，但直到 1965 年西方都对其一无所知。尽管 T-62 远远算不上一型成功的主战坦克，但它在苏军、华约国家军队以及一些苏联友好国家的军队中曾处于主导地位。

T-62 从里到外都保留了很多与“前辈”相同的部件，尤其是形如倒扣煎锅的极具辨识度的炮塔，这虽然使它的车身轮廓更为低矮，但也限制了炮塔内 3 名乘员的动作，影响了主炮的俯仰动作。安装大口径主炮使炮塔原本就不宽裕的空间变得更加局促。T-62 安装了火力更强且带有热护

辅助武器
辅助武器包括 1 挺 7.62 毫米口径 PKT 同轴机枪和 1 挺 12.7 毫米口径 DShK 1938/46 重机枪，该机枪需要车长探出炮塔外操作。

无论有多少缺点，T-62 的生产仍然持续了超过 20 年。尽管相对 T-54/T-55 在性能上并没有显著提升，它依然是很多国家的主力装备。

发动机
12 缸 V-55 四冲程水冷柴油发动机能为 T-62 提供充足的动力。其公路行驶最高速度可达 50 千米 / 时。

中国的 69 式坦克（上图）基于苏联 T-54 改进而来，但许多部件的设计都参照了 T-62。

套的主炮，加固了车体底部以抵御地雷，还采用了橡胶履带衬垫，以增强越野机动性，同时降低维护难度。

12 缸 V-55 柴油发动机为 T-62 提供了足够的动力，能够储存 400 升燃料的外部油箱显著提高了 T-62 的续驶里程。在装甲防护方面，车体前部装甲厚度为 102 毫米，呈 60 度倾角布置，等效于 200 毫米均质钢装甲。然而按当时的防护标准来衡量仍显不足。T-62 的高锰钢履带板相当耐用，但如果倒车或转向太快，则容易脱出。主炮弹药距燃油箱很近一旦被直接命中往往会导致灾难性的殉爆。

技术参数：

尺　　寸：	车长：9.43 米 车宽：3.30 米 车高：3.40 米
重　　量：	40 吨
发 动 机：	1 台 12 缸 V-55 水冷柴油机，功率为 433 千瓦
速　　度：	公路：50 千米 / 时 越野：40 千米 / 时
武　　器：	主要武器：1 门 115 毫米口径 U5TS 滑膛炮 辅助武器：1 挺 7.62 毫米口径 PKT 机枪；1 挺 12.7 毫米口径 DshKM 高射机枪
装　　甲：	20~240 毫米
续驶里程：	公路：450 千米 越野：320 千米
乘 员 数：	4 人

装甲兵的焦虑

一些人将 T-62 的内部形容为“人体工程学的贫民窟”，它继承了苏联坦克的传统，在设计上很少考虑乘员的舒适性。操作 115 毫米口径主炮简直就是一场考验。通常情况下，车长通过视距瞄准镜获取目标并旋转炮塔至目标方位，然后炮长接手，瞄准目标并开火；随后将主炮调整到水平位置，以抛出弹壳。装填手要用左手抬起 23 千克的炮弹，并装入炮膛。虽然主炮安装了稳定器，理论上能够在行进中精确射击，但整个射击流程使行进间射击根本无法实现。此外，T-62 的主炮射速较低，约为 4 发 / 分，这意味着错过第一次射击机会对它来说往往是致命，因为此时最易受到

T-62 在一条土路上行驶，卷起滚滚灰尘。无拖带轮的克里斯蒂悬架清晰可见。

敌方反击火力的攻击。

更麻烦的是，当载填弹药或者车体前部的驾驶员舱盖打开时，火炮无法俯仰动作。后来的 T-64 主战坦克采用了自动装弹机，乘员减少到 3 人，但仍未解决炮塔和主炮之间的干扰问题。T-62 的辅助武器包括，挺安装在车长指挥塔上的 12.7 毫米口径 DshK 1938/46 高射机枪和 1 挺 7.62 毫米口径 PKT 同轴机枪。奇怪的是，车长无法在相对安全的炮塔内部操作高射机枪，只能打开舱盖探出身子操作。

T-62 配备了三防设备，炮塔内附加了含铅的泡沫衬层以抵御核辐射。虽然有些危险，但 T-62 可以通过安装浮潜装置渡过较小的河流。

T-62主战坦克的漫长服役生涯

尽管存在着大量的操作问题，但 T-62 多年以来一直是苏军、华约国家军队以及苏联友好国家军队的骨干力量。它参加了越南战争、安哥拉战争、阿以战争、两伊战争和第一次海湾战争。在苏联和捷克斯洛伐克停止生产多年以后，朝鲜还研制出一种变型车。1969 年，中国人民解放军在与苏联的边境冲突中，缴获了一辆 T-62。T-62 的衍生型包括安装了自动装弹机的 T-64 坦克、Su-130 自行火炮、一型喷火坦克以及一型装甲抢修车。

“酋长”Mk5 主战坦克（1963）

“酋长”主战坦克的起源可以追溯到 20 世纪 40 年代末，但它直到 1963 年才投入量产。作为“百人队长”系列坦克的替代者，“酋长”展示出英国主战坦克设计的新理念。

主要武器

“酋长”Mk5 的主要武器是 1 门 120 毫米口径 L11A5 L/56 线膛炮。它最初利用机枪来校正弹道，后加装了激光测距仪。

“酋长”的“血缘”可以追溯到第二次世界大战时期的步兵坦克和巡洋坦克。它在机动性、火力和装甲防护方面都取得了巨大进步。

装甲防护

据报道，“酋长”车体前部的装甲厚度高达 203 毫米。后期型还采用了复合装甲。

随着“酋长”于 20 世纪 60 年代初期投入量产，英国在创新性装甲车辆的设计上开始居于国际领先地位。

“酋长”于20世纪60年代中期，即冷战高峰期装备到一线装甲部队后，英国陆军终于有了一种与华约国家的T-54/55坦克和尚处保密状态的T-62坦克性能相当的坦克。此时，T-62的115毫米口径滑膛炮已经引起了北约军事专家们的广泛关注。

事实上，英国坦克设计师们已经将第二次世界大战残酷战斗中得来的经验教训铭记于心。威力更强的主炮、更快的速度和更强的装甲防护是用以替换“百人队长”系列坦克的新型坦克所必须满足的条件。在“酋长”上，英国人实现了这些目标。

设计“酋长”

1958年，英国新型主战坦克的技术规格获得批准。3年后，里兰德公司生产出“酋长”的原型车。

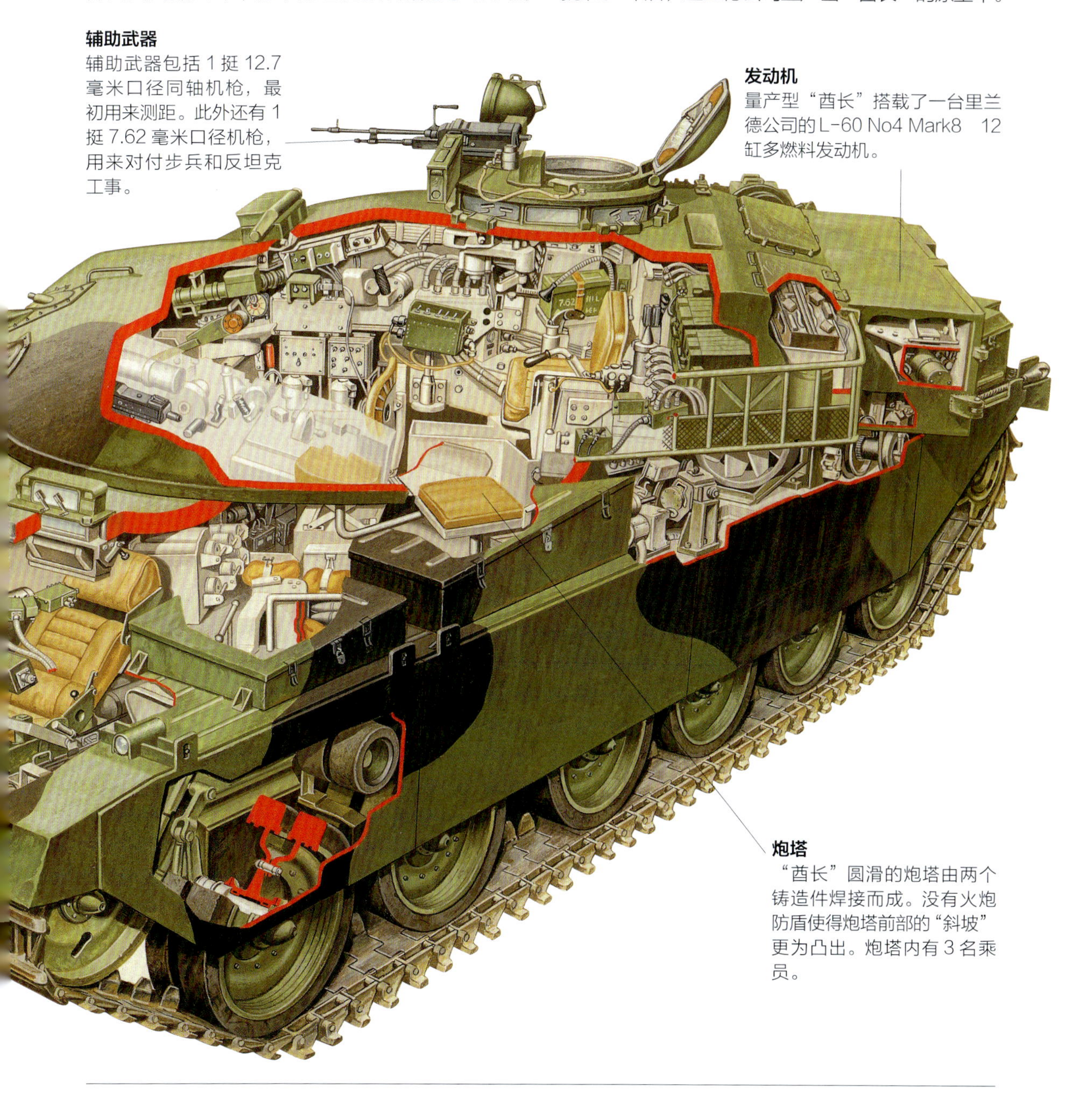

辅助武器
辅助武器包括1挺12.7毫米口径同轴机枪，最初用来测距。此外还有1挺7.62毫米口径机枪，用来对付步兵和反坦克工事。
发动机
量产型“酋长”搭载了一台里兰德公司的L-60 No4 Mark8 12缸多燃料发动机。
炮塔
“酋长”圆滑的炮塔由两个铸造件焊接而成。没有火炮防盾使得炮塔前部的“斜坡”更为凸出。炮塔内有3名乘员。

“酋长”AVRE（装甲车辆，皇家工兵）的顶部滑轨系统用于携带柴捆，以填平弹坑等地面凹陷处。

1963年，英国军队接收了第一批“酋长”。战地指挥官们曾对这个54吨重的“怪兽”的越野机动性深感顾虑。

当“酋长”逐渐展现出自己的性能特点时，人们的顾虑随之消散，在德国“豹”1坦克问世前，它一直被公认为最强主战坦克。直到20世纪80年代末，“酋长”及其变型车一直是英国装甲部队的中坚。

技术参数：

尺　寸：	车长：7.52米 车宽：3.5米 车高：2.9米
重　量：	54吨
发动机：	1台L-60 No4 Mark8 12缸多燃料发动机，功率为560千瓦
速　度：	50千米/时
武　器：	主要武器：1门120毫米口径L11A5线膛炮 辅助武器：1挺7.62毫米L37 GP机枪；1挺12.7毫米口径L21机枪
装　甲：	203毫米（猜测）
续驶里程：	公路：500千米 越野：300千米
乘员数：	4人

增强性能

很快，观察家们就意识到“酋长”的主炮——皇家兵工厂的120毫米口径L11A5膛线炮性能非凡。最终120毫米成为冷战期间北约坦克主炮的标准口径。

项目之初，英军就要求新型坦克的主炮具备比任何现役坦克都更强的穿甲能力。早期，“酋长”用12.7毫米口径机枪发射曳光弹的方式为主炮指示目标和测量距离，后期加装了激光测距仪。L11A5型炮以强大的穿透力而广为人知，其射速为6~10发/分，弹丸和发射药分装，以降低发生殉爆的概率。

“酋长”最初采用436千瓦柴油发动机，但其动力明显不足。于是换装了里兰德公司的L-60 NO4 Mark8 12缸多燃料发动机，但该发动机存在一定的缺陷。54吨的“酋长”有时会在险陡地形上行动迟缓，因为发动机工作不可靠，故障率很高。最终，这些问题都得到了妥善解决。

“酋长”Mk5 主战坦克配装长身管 120 毫米口径线膛炮，炮塔前部有独具特色的斜面且没有防盾。

“酋长”采用“铸造＋焊接”均质镍钢装甲板，改进型上增加了包含钢和陶瓷的附加复合装甲。其装甲厚度至今仍然是机密，据估计，车体前部装甲的厚度达到 203 毫米，车体两侧的裙板能够保护车轮和霍斯特曼悬架。

“酋长”在布局上保持了英式风格：驾驶员位于前部，战斗室居中位于炮塔下方，发动机位于车体后部，用一个防火隔板与战斗室隔开。在最终改进型 MK5 上，驾驶员位于半躺式座椅上，这有助于降低车体高度，同时增强了主炮的俯射能力。

车长配备了多组潜望镜，具备全局视野。在流线型炮塔内，车长位于右侧，在其上方有一个旋转的指挥塔。炮长位于车长前下方，装填手位于车长后下方。MK5 型采用了改进型发动机和三防系统。其炮塔上没有安装火炮防盾。

沙漠酋长

Mk5 是“酋长”系列主战坦克的最后一个改进型。阿曼、科威特、约旦和伊拉克等中东国家的装甲部队装备了“酋长”的出口型。伊朗订购的“酋长”坦克，包括“伊朗狮”I 和“伊朗狮”II 两种配置。但 1979 年伊斯兰革命爆发后，1400 辆“伊朗狮”II 的订单被取消了。

由“酋长”改装而来的特种车包括 AVRE、抢修车、架桥车和扫雷车等。

“豹”1 主战坦克（1965）

“豹”1 主战坦克最初由德国和法国联合投资研制。后两国因意见不同而分道扬镳，由德国设计师继续研制。

1956 年 11 月，成立仅数月余的德意志联邦共和国国防军就提出了新型主战坦克的技术规格，该坦克用来取代联邦德国装甲部队装备的美制 M47 和 M48“巴顿”坦克。

最初，联邦德国与法国决定联合研制新型坦克，同时装备两国军队并打入国际军火市场。但两国没能就项目要求达成一致，于是分别开始独立研制新型坦克。1961 年，联邦德国军队开始对新型坦克原型车进行评估。1963 年 7 月，克劳斯 · 玛菲有限公司赢得了新型坦克的生产合同，

“豹”1 主战坦克于 1965 年进入联邦德国军队服役。它配备的武器十分精良，并且采用了最先进的技术，但为追求速度和机动性牺牲了装甲防护。

“豹”1 主战坦克于 1965 年开始生产，到 1979 年完成生产任务。后为满足希腊和土耳其的订货需求，又于 1981 年初重开生产线。

主要武器
英国皇家军械厂的 105 毫米口径 L7A3 L/52 线膛炮由德国特许生产并安装到“豹”1 主战坦克上。后续少量变型车安装了 1 门 120 毫米口径炮。

联邦德国军队将其命名为“豹”1。

豹式坦克之路

第一辆量产型“豹”1于1965年9月交付联邦德国军队，该坦克代表了20世纪中叶的先进主战坦克设计理念。尽管如此，如何在火力、防护和机动间取得平衡这一经典问题，仍然困扰着德国工程师们。

炮塔
细长且尾部极具特色的炮塔在生产期间经过了多次修改。弹药补给舱门位于左侧，探照灯位于火炮上方，尾部有一个储物箱。
发动机
10缸MTU MB838 CaM 500多燃料发动机主要以柴油为燃料，它能使“豹”1的最高行驶速度达到65千米/时。
装甲防护
“豹”1的弱点是缺乏足够的装甲防护。其车体前部装甲厚70毫米，炮塔正面厚60毫米，两处装甲以一定角度倾斜布置，但厚度仍显不足。

“豹”1装备了德国特许生产的性能优异的英国皇家军械厂105毫米口径L7A3 L /52型线膛炮。L7A3配备一体式炮管、螺式炮闩和炮管抽烟装置。如果需要的话，野外条件下可以在20分

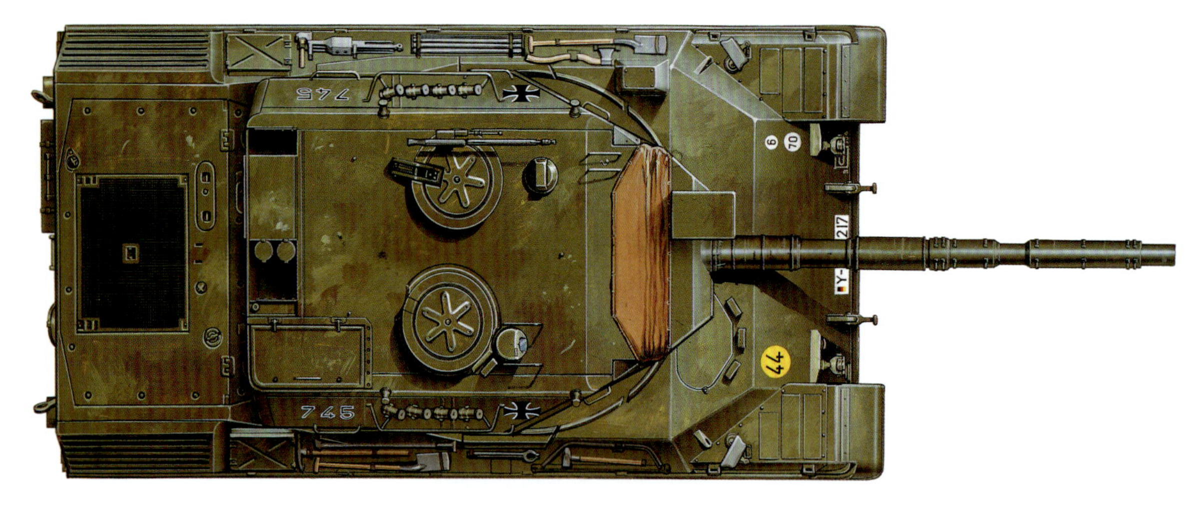

1971 年，联邦德国军队开始对“豹”1 主战坦克进行一系列的改进升级。其中最主要的是为 105 毫米口径炮安装稳定器。改进工作一直持续到 20 世纪 70 年代末。

钟内完成炮管更换工作。该炮采用手动装填方式，炮弹击发之后，半自动炮闩会自动打开将弹壳抛至位于炮塔吊篮上的一个容器内。

“豹”1 采用 MTU MB838 CaM500 10 缸多燃料发动机，主要以柴油为燃料，最高行驶速度可达 65 千米 / 时。推重比高于同期其他主战坦克。必要时，同炮管一样，这台发动机也能在大约 20 分钟内实现整体装卸。“豹”1 的重量很轻，仅有 39 吨，在复杂地形条件下的机动性相当好。

技术参数：

尺　　寸：	车长：8.29 米 车宽：3.37 米 车高：2.39 米
重　　量：	39 吨
发 动 机：	1 台 10 缸 MTU MB838 CaM500 多燃料发动机，功率为 619 千瓦
速　　度：	65 千米 / 时
武　　器：	主要武器：1 门 120 毫米口径 L7A3 线膛炮 辅助武器：2 挺 7.62 毫米口径 MG3 机枪或 FN MAG 机枪
装　　甲：	10~70 毫米
续驶里程：	公路：600 千米 越野：450 千米
乘 员 数：	4 人

“豹”1 在设计上的折中之处在于其相对薄弱的装甲防护，大多数观察家认为其装甲防护难以满足战场生存需要。其车体前部装甲厚 70 毫米，炮塔正面厚 60 毫米，均呈一定角度倾斜布置，相较同期其他坦克防护能力并不突出。

“豹”1 有 4 名乘员，发动机位于车体后部，并通过一个防火隔板与战斗室隔开。驾驶员位于车体右前部。炮塔内，车长和炮长位于右侧，装填手位于左侧。车长通过炮塔舱口处环形布置的 8 具潜望镜来观察周边环境，其中一具潜望镜可换为红外夜视仪。一挺 7.62 毫米口径同轴机枪安装在炮塔内，最初用于测距，后来加装了光学瞄准镜。

生产和出口

“豹”1 的总产量超过 6500 辆，其中 223 辆交付联邦德国军队。意大利国防承包商奥托 - 梅莱拉公司特许生产“豹”1。除此之外，有 14 个国家，包括加拿大、澳大利亚、丹麦、希腊、荷兰和意大利等的军队都装备了“豹”1。

联邦德国对“豹”1 进行了一系列改进，以保持其作技术优势。主要的改进包括：为火炮配备了卡迪拉克 · 盖奇公司的火炮稳定器；“安装”炮管热护套，防止炮管变形；改进了履带；增加了侧裙板，保护悬架和负重轮。在“豹”1A1 上，采用了由德国布洛姆 & 沃斯公司提供的加强装甲板，用于炮塔、车体前部和火炮防盾处。“豹”1A2 改进了成像系统。

此外，“豹”1A2 采用了更重一些的铸造炮塔，配备了改进型三防系统（NBC）和性能更好的夜视设备。“豹”1A3 的改进包括焊接炮塔、间隔装甲和楔形火炮防盾。“豹”1A4 升级了火控系统，20 世纪 80 年代服役的“豹”2 采用了同样的系统。“豹”1A5 和“豹”1A6 换装了 120 毫米口径主炮。

跳跃的“豹”

“豹”1 主战坦克上威力强大的 105 毫米口径 L7A3 线膛炮受到许多国家的欢迎，其射击精度颇高。安装了稳定器后，该炮的杀伤力得到显著提高。克劳斯 - 玛菲公司宣称，采用包括一个激光测距仪和一体式热成像仪在内的稳定装置后，将会显著提高“豹”1 的首发命中率。考虑到“豹”1 的战术运用方式，首发命中率是关键性指标，因为它的机动性优势是以牺牲装甲防护为代价的。下图中，可见 L7A3 型炮的身管较长。

Strv 103B 主战坦克（1967）

Strv 103B 主战坦克与时代有些格格不入，它更像是第二次世界大战时期的坦克歼击车，而不是现代意义上的主战坦克。

瑞典 Strv 103B 采用无炮塔设计。在认真考虑采购国外坦克的方案后，瑞典决定自己设计和生产坦克。20 世纪 50 年代中期，瑞典军队试图更换已老化的英制“百人队长”坦克，但一个由沃尔沃、博福斯和拉茨维克等公司联合设计的方案最终被否决了。

不久之后，一个与主流主战坦克大相径庭的设计方案获得了关注。瑞典武器管理局的工程师斯文·贝尔格提出一种无炮塔坦克方案，生产工艺比较经济，并统筹考虑了瑞典国内的生产能力，

由于没有炮塔，Strv 103（简称 S 型）的乘员通过使车辆转向以及升高或降低悬架来调节 105 毫米口径炮的姿态。

主要武器
博福斯生产的 L74 型炮在结构上与英国的 L7 型炮类似。L74 具有更长的身管，能够水平固定，以便在车辆运输过程中保持姿态。

发动机
采用混合动力系统使 Strv 103 的燃油经济性和续驶里程都出类拔萃。

以及在斯堪的纳维亚半岛上的丘陵、森林和山地等地形环境中的使用需求和军方的防御战略。Strv 103B 对瑞典的地理和气候环境有很强的适应性，甚至能在冻结的沼泽和潮湿的低地中机动。

特制的坦克

Strv 103B 的研制过程历时近 10 年，最终于 1966 年投产。当最后一辆 Strv 103 于 1997 年退役时，其总产量只有约 300 辆。这种无炮塔坦克安装了 1 门威力强大的 L74 加农炮，该炮与著名的英国 L7 型炮相似。总部设在瑞典，以武器制造为主要业务的博福斯公司负责生产 L74。该炮的特点身管较长，射程远，炮口初速高，采用立楔式炮闩和自动装弹机，可携带 50 发炮弹。

辅助武器
辅助武器包括 3 挺 7.62 毫米口径 FFV 机枪，2 挺安装在车体上，1 挺安装在炮塔顶部舱门处用于防空。
装甲防护
由于没有炮塔，Strv 103 得以在最大程度上加强了车体的装甲防护，装甲厚度为 90~100 毫米。车体前部倾斜布置的装甲板增大了使来袭炮弹“跳弹”的概率。
车体配置
驾驶员 / 炮长和动力装置位于车体前部。动力装置为乘员提供了额外防护。车长和无线电操作员位于战斗室的中央。

L74 的射速令人印象深刻，可达 15 发 / 分。炮长只需按一个按钮就能选择弹药种类。弹药舱可

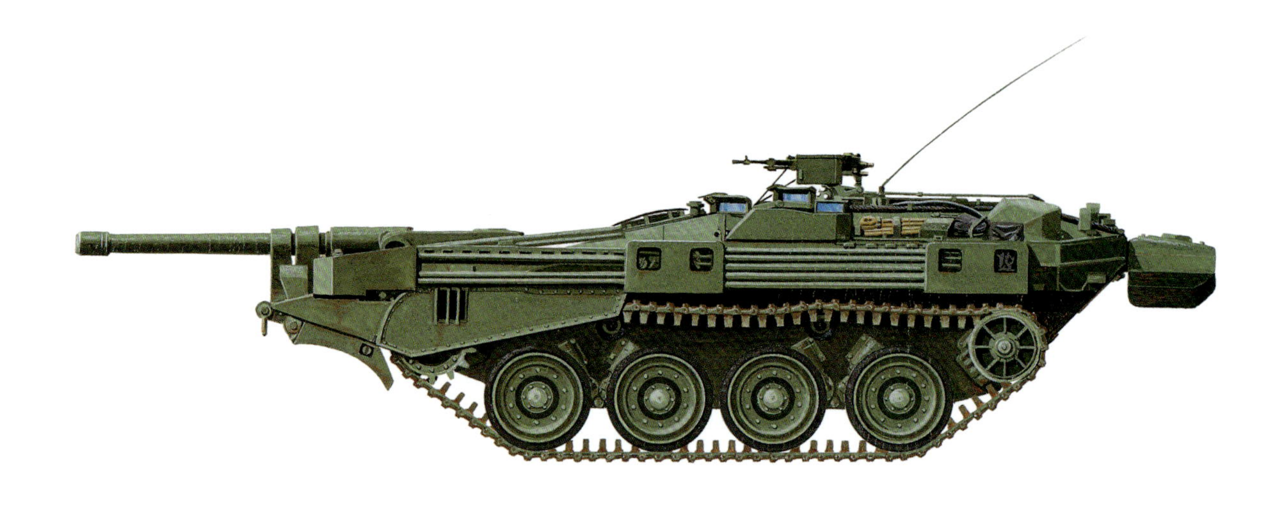

Strv 103 的长身管 L74 型炮。L74 的生产商是瑞典博福斯公司。

以在 10 分钟内补充完毕，空弹壳从车体后部抛出。

由于采用了无炮塔设计，Strv 103 的主炮瞄准动作相对复杂。整个车身必须转向目标方位，并且需要升高或降低悬架，以调整主炮俯仰角。

技术参数：

尺　　寸：	车长：7.04 米 车宽：3.6 米 车高：2.15 米
重　　量：	38.9 吨
发 动 机：	1 台卡特彼勒 553 燃气轮机，功率为 365 千瓦；1 台劳斯莱斯 K60 V8 柴油机，功率为 179 千瓦
速　　度：	50 千米 / 时
武　　器：	主要武器：1 门 105 毫米口径 L74 加农炮；3 挺 7.62 毫米口径 FFV 机枪
装　　甲：	90~100 毫米
续驶里程：	公路：390 千米 越野：200 千米
乘 员 数：	3 人

因此，对 Strv 103 而言，行进间射击是不可能的。为弥补这个明显的作战缺陷，Strv 103 采用了自动变速器、外部横杆转向机构和复杂的液气悬架，以实现快速动作。

正常情况下，车长要承担多重任务：瞄准目标，然后通过操纵一系列的手柄超越驾驶员控制转向机构，从而使车身朝向目标方位，最后选择合适弹药并将火炮交由炮长操作。

瑞典人的复杂技术

Strv 103 没有炮塔和火炮防盾，因此车体能采用相对厚重的装甲防护，其装甲厚度为 90~100 毫米，采用轧制镍钢装甲板。在瑞典起伏的地形环境中，Strv 103 进行伪装并将车体降低后，几乎不可能被目视发现，非常适合执行伏击任务。必要时，车长和驾驶员 / 炮手都能操作火炮进行射击。

驾驶员 / 炮长位于车体前部左侧，车长位于带有驾驶和武器操作装置的指挥塔下方，无线电操作员面朝后部，他能超越驾驶员向后驾驶坦克，从而使主炮迅速瞄准目标。

Strv 103B 非常适合在起伏和高地势环境中进行伪装。

动力系统位于车体前部，以增强对乘员的保护。最初采用柴油机和燃气轮机组合的混合动力装置。Strv 103B 采用卡特彼勒 553 燃气轮机，与劳斯莱斯 K60 柴油机协作。Strv 103C 则换装了通用汽车公司的底特律柴油机。正常行驶时采用柴油发动机，加速时采用燃气轮机，这样能提供良好的燃油经济性和较高的续驶里程。

Strv 103的稳定性

尽管 Strv 103 坦克从未参加过实战，但它极好地履行了自己的防御职责。作为一种无炮塔坦克，它在作战任务中能承担多面手的角色。Strv 103B 加装了一个两栖浮渡围栏，Strv 103C 装备了推土铲、激光测距仪和附燃油箱。Strv 103D 安装了热成像仪和计算机火控装置。Strv 103 坦克在瑞典军队中服役了二十余年，直到 20 世纪 90 年代被德制“豹”2 坦克取代。

FV107“弯刀”装甲侦察车（1970）

FV107“弯刀”装甲侦察车是阿尔维斯公司生产的侦察车家族中的一员。作为FV101“蝎”式侦察车的后续车型，它在快速部署和支援步兵等方面表现十分出色。

20世纪60年代末，英国陆军提出了一种轻型装甲车的需求，要求这种装甲车能够空运，能够为步兵提供直瞄火力支援，并且能够通过主战坦克难以穿越的地形。针对这些需求，阿尔维斯公司研发了一系列紧密相关的轻型装甲车。第一型是FV101“蝎”式，安装一门76毫米口径炮，之后在1970年推出了FV107“弯刀”。最终，包括了7种车型的阿尔维斯装甲车族均被英军采用。

类别
FV107“弯刀”能够空运，英国陆军将它归类于履带式战斗侦察车辆。

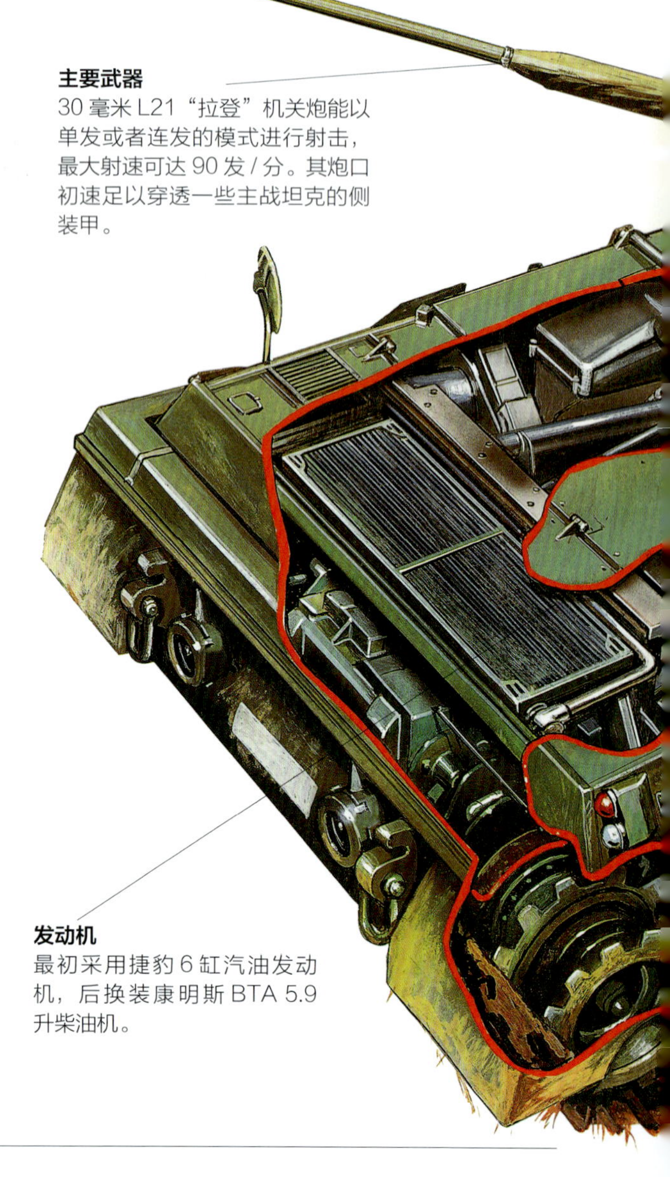

主要武器
30毫米L21“拉登”机关炮能以单发或者连发的模式进行射击，最大射速可达90发/分。其炮口初速足以穿透一些主战坦克的侧装甲。

发动机
最初采用捷豹6缸汽油发动机，后换装康明斯BTA 5.9升柴油机。

比利时、洪都拉斯和约旦军队也采购了该系列装甲车，其中，FV107 共生产了 650 辆。

“弯刀”的主要武器是一门 30 毫米口径“拉登”机关炮，乍一看显得火力较弱。不过，“弯刀”的全重仅有 7 吨，最高行驶速度可达 80 千米/时，其车高仅 2 米有余，对地压强较小，能够轻松通过沼泽、沙漠和山地等地形，因此，“拉登”机关炮足以使它胜任多种任务。

FV107“弯刀”装备了 1 门 30 毫米口径“拉登”机关炮，比 FV101“蝎”式的火力要弱一些。“蝎”式是该装甲车族中的另一种车型，安装了 1 门 76 毫米口径炮。

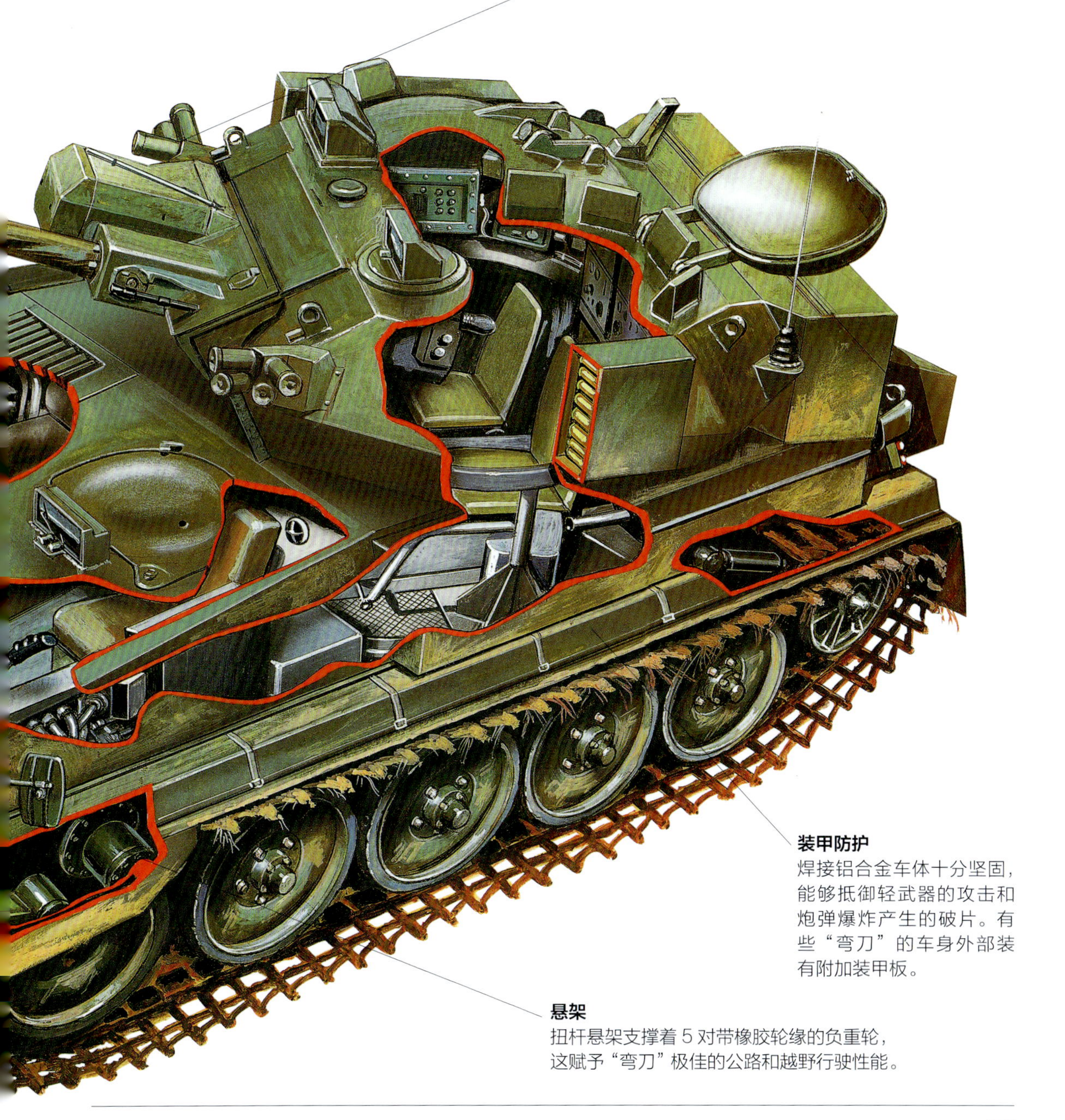

辅助武器
FV107“弯刀”的辅助武器得到了不断提升。包括 7.62 毫米口径 L37A1 机枪或 L94A1 机枪等自动武器。

装甲防护
焊接铝合金车体十分坚固，能够抵御轻武器的攻击和炮弹爆炸产生的破片。有些“弯刀”的车身外部装有附加装甲板。

悬架
扭杆悬架支撑着 5 对带橡胶轮缘的负重轮，这赋予“弯刀”极佳的公路和越野行驶性能。

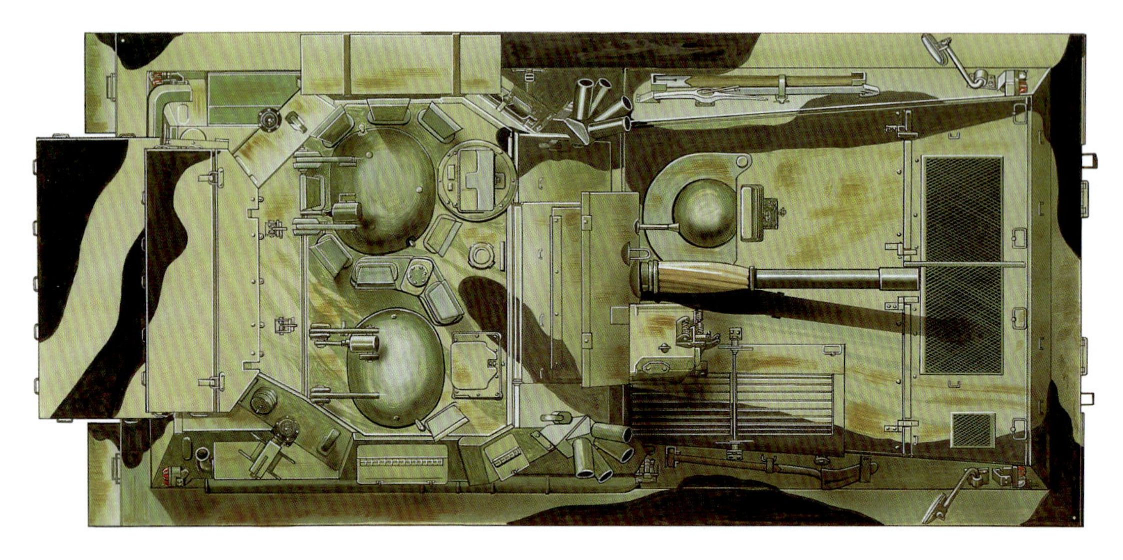

配备了良好武器的FV107"弯刀"于1971年开始装备英国军队，主要执行侦察和步兵支援任务。今天它仍在许多国家的军队中服役。

有力一击

"拉登"机关炮能够单发或连发射击，最高射速为90发/分。炮塔内最多能存储165发炮弹，包括次口径弹、高爆弹和次效应穿甲弹(APSE)。令人惊讶的是，"拉登"的炮口初速可达1200米/秒，其发射的穿甲弹能穿透一些主战坦克的侧装甲，还能有效对抗低空来袭的敌方战机。因此，即便是火力更强的主战坦克，也不能忽视"弯刀"的存在。

"弯刀"的辅助武器包括1挺7.62毫米口径L37A1同轴机枪，弹药基数为3000发。也可装1挺L94A1机枪，用来抵御敌方步兵的攻击。此外，其炮塔上还安装了烟幕弹发射器。

技术参数：

尺　寸：	车长：4.9米 车宽：2.2米 车高：2.1米
重　量：	7.8吨
发动机：	1台康明斯BTA5.9升柴油发动机，功率为142千瓦
速　度：	80千米/时
武　器：	主要武器：1门30毫米口径L21"拉登"机关炮 辅助武器：1挺7.62毫米口径L37A1或L94A1机枪
装　甲：	12.7毫米
续驶里程：	公路：645千米 越野：450千米
乘员数：	3人

快速机动

"弯刀"采用冷轧焊接的增强型铝质车体，装甲最厚处仅为12.7毫米。然而，这已经足够抵御大部分轻武器的攻击和炮弹爆炸产生的破片。有些特种用途的"弯刀"采用了附加装甲。扭杆悬架和橡胶轮缘负重轮赋予"弯刀"极佳的高速机动能力。早期生产的样车采用的是4.2升捷豹J60汽油发动机。量产型换装了5.9升康明斯BTA柴油机。

从内到外

“弯刀”的内部划分为战斗室和动力舱。3名乘员在一个较宽敞的空间中。驾驶员位于车体前部，通过操纵杆和制动踏板来操纵车辆。车长和炮长在炮塔内，通过带热成像仪和激光测距仪的计算机火控系统捕捉和瞄准目标。炮塔上安装了5具潜望镜，提供了极佳的视野，使车长能及时了解周边情况，此外还装有1具光学瞄准镜。驾驶员使用2具配有主动或被动夜视仪的潜望镜。炮手有2具潜望镜，可换为夜视仪。

在超过40年的服役时间里，“弯刀”经过了多次升级，包括在外部增加了1挺机枪；增加了被动夜视设备、自动灭火抑爆装置、辅助发电机和更先进的通信设备等；采用了更好的散热装置，以增加发动机的大修间隔；为“拉登”机关炮安装了抽烟装置；安装了可应对核生化武器的三防系统。如果需要的话，车长座椅下方的孔可作为简易厕所。即使舱门密闭很长时间后，乘员仍能正常呼吸。

“弯刀”出场

FV107“弯刀”是阿尔维斯公司在20世纪60年代为英国陆军研制的一型装甲侦察车，直到今天仍在服役。2009年春，英军对一线部队装备的FV107进行了升级，安装了三防系统。“弯刀”参加了福克兰群岛战争（马岛战争），它是英军在这场短暂冲突中使用的唯一一种装甲战斗车辆。2003年第二次海湾战争期间，在夺取法奥半岛的战斗中，女王近卫龙骑兵团装备了“弯刀”。它还曾部署到波黑、科索沃和阿富汗。

T-72 主战坦克（1971）

苏联的 T-72 主战坦克主要针对出口市场。比起同时代的其他主战坦克，它体积较小，速度较快，但是缺乏现代战场上所必要的火力和防护性。

由于 T-72 是为出口市场设计的，它所获得的研发资源相比同一时期苏军自用的 T-64 要少得多。

辅助武器
与主炮同轴安装的 7.62 毫米口径 PKT 机枪用来对抗步兵。1 挺 12.7 毫米口径 NSVT 机枪安装在车长指挥塔顶部，用于防空。
主要武器
T-72 的主要武器是 1 门性能优异的 125 毫米口径 2A46M 滑膛炮。该炮能在 4000 米的距离上击穿同期北约坦克的装甲。

T-72 可能是西方人眼中最有名的苏联主战坦克，这主要因为你总能在近几十年的各类局部冲突中见到它的身影。1982 年，在与以色列的冲突期间，叙利亚军队在黎巴嫩部署了 T-72。在两伊战争、1991 年海湾战争和 2003 年伊拉克战争期间，T-72 是伊拉克装甲部队的中坚力量。

几乎所有实战结果都表明 T-72 的实力不足以战胜它的西方对手们，比如以色列的“梅卡瓦”、美国的 M1“艾布拉姆斯”和英国的“挑战者”。的确，T-72 不具备一流的作战性能，这一定程度上要归咎于它主要面向出口市场和苏军二线部队。对比同一时期的 T-64，T-72 所获得的研发资源要少得多。当然，也可能是伊拉克和叙利亚的 T-72 都太陈旧了，并且没有得到充分的维护和改进，因此难以对抗西方对手。

T-72 主要装备驻扎在国内的苏军二线装甲部队，而 T-64 坦克则主要装备到部署在欧洲前线的苏军一线装甲部队

发动机
早期型采用 12 缸 V-46 柴油发动机，也能以煤油和轻汽油为燃料。后换装 626 千瓦柴油发动机。

装甲防护
T-72 的车体正面采用了由钢、钨、陶瓷和塑料等材料制成的复合装甲，厚度达到 200 毫米。早期型号上，车体两侧的钢质装甲板厚度达到 80 毫米。

悬挂装置
T-72 的悬架扭杆支撑着 6 个带橡胶轮缘的负重轮，另有 1 个主动轮和 4 个托带轮。侧裙板用于保护负重轮。

T-64 和 T-80 等苏联主战坦克都安装了长身管 125 毫米口径 2A46M 滑膛炮。在后期车型上，该炮能够发射炮射导弹和多种标准弹药。

苏联的双胞胎兄弟

T-64 和 T-72 都代表了苏联设计师对战后主战坦克概念的理解和诠释。事实上，T-64 和 T-72 是对 T-54/55 系列主战坦克以及 T-62 坦克的深度改进。自半个世纪前的 T-34 诞生以来，两者展现了苏联坦克工程史上的一次重大革新。

然而，T-64 与 T-72 之间的相似点其实并不多。T-64 主要装备了驻东欧的苏军精锐装甲师，由于采用了大量新技术，它的可靠性一直存在问题，最终产量因此削减到 5000 辆，于 1981 年停产。

如果说寿命长是可靠性的一项衡量指标的话，那么必须承认 T-72 比 T-64 要更出色一些。T-72 于 1971 年开始生产，直到今天仍是众多国家装甲部队的基石，其产量已经超过 25000 辆。

技术参数：

尺　　寸：	车长：6.95 米 车宽：3.59 米 车高：2.23 米
重　　量：	41.5 吨
发 动 机：	1 台 V-46 12 缸柴油发动机，功率为 582 千瓦
速　　度：	60 千米 / 时
武　　器：	主要武器：1 门 125 毫米口径 2A46M 高速滑膛炮 辅助武器：1 挺 7.62 毫米口径 PKT 机枪；1 挺 12.7 毫米口径 NSVT 高射机枪
装　　甲：	估计达到 500 毫米
续驶里程：	460 千米
乘 员 数：	3 人

守护乌拉尔

T-72 的最初版，一般被称为“乌拉尔”，确实相对 T-62 有了巨大进步。T-72 采用了性能显著提高的 V-46 12 缸柴油发动机，安装了性能出色的 125 毫米口径 2A46M 滑膛炮、自动装弹机和复合装甲，并且改进了目标捕获能力。它的柴油发动机比 T-62 的更安静，产烟少且振动小。1985 年，T-72 又换装了 626 千瓦的 V-84 柴油机。

T-72 主炮发射的弹药能穿透同期北约坦克的装甲。自动装弹机使它的主炮射速可达 8 发 / 分，尽管它由于磨损经常出现故障。辅助武器包括 1 挺 7.62 毫米口径 PKT 同轴机枪和 1 挺安装在车长指挥塔上的 12.7 毫米口径高射机枪。T-72 采

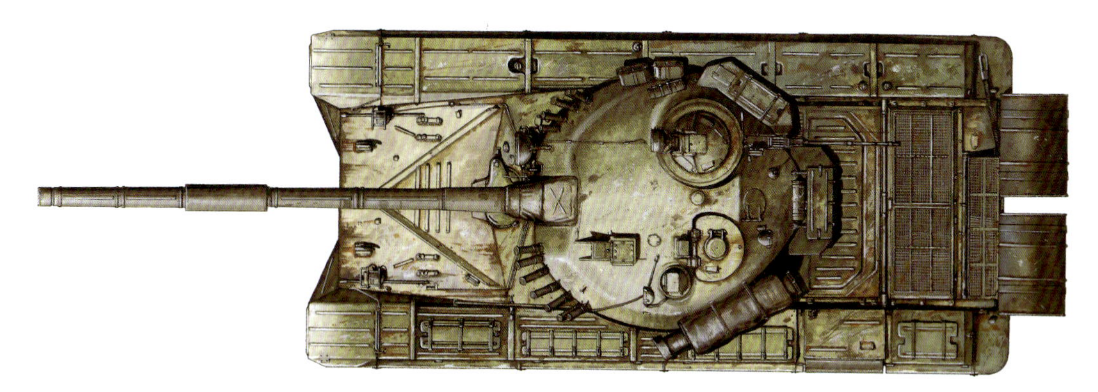

T-72 采用了许多创新技术，包括 125 毫米口径滑膛炮、自动装弹机和复合装甲。

用了类似英国“乔巴姆”装甲的复合装甲，其防护能力大约是相同厚度的钢板的三倍。

人机工程差

像早期的苏联坦克一样，T-72 的设计很少考虑 3 名乘员的舒适性。车体分为三个舱室，驾驶员位于车体前部，战斗室位于车体中部，发动机位于车体后部。轮廓低矮的椭圆形炮塔让人想起 T-54/55 系列主战坦克，它们同样拥挤。单潜望镜设计限制了驾驶员的视野，他要通过落后而低效的操纵杆和七档手动变速器，而不是方向盘和自动变速器来驾驶坦克。

炮长位于炮塔内左侧，配备了整体式瞄准具和激光测距仪。车长位于炮塔内右侧，配备了带测距仪的光学或红外瞄准镜。T-72 配备了三防系统和能够快速安装的两栖潜渡设备。T-72 的改进型包括：T-72B，它安装了一台功率更大的柴油发动机，主炮具有发射炮射导弹的能力，采用了附加装甲和更好的火控系统；T-72M 和 T-72M1，它们安装了先进的主动防护系统；T-72S 安装了一台全新的发动机和爆炸反应装甲。

阅兵中的T-72主战坦克

右图中，T-72 以纵队驶过莫斯科红场。T-72 首次在公众面前亮相时，实际上已经装备部队 6 年了。从那时起，在全世界数不清的热点冲突中都能看到它的身影。1982 年叙以冲突期间，叙利亚的 T-72 面对以色列“梅卡瓦”时明显处于劣势。战斗中，大量苏联坦克被击毁。1991 年和 2003 年，伊拉克的 T-72 沦为美国“艾布拉姆斯”和英国“挑战者”的“炮下败将”。这部分源于这些 T-72 缺少必要的维护和改进。

“梅卡瓦”主战坦克（1977）

以色列设计制造的“梅卡瓦”主战坦克自1977年投产以来经历了四次重大改进，它极端地强调乘员的生存力，其次才是火力和机动性。

以色列在建国后的近20年中一直依赖于美国第二次世界大战时生产的老式“谢尔曼”坦克和英国“百人队长”坦克的一些改进型。1967年“六日战争”之后，以色列军方受到了震动，意识到在武器装备上必须尽可能做到自给自足。

“六日战争”后，法国和英国开始限制某些武器系统对以色列的出口。以色列国防军（IDF）的塔尔将军是装甲战的先行者，他极力主张将自主研发工作的重点放在主战坦克上。

希伯来战车

在综合考量了美国、英国、法国以及苏联坦克的特点后，“梅卡瓦”的研发计划于1968年立项。

主要武器
“梅卡瓦”的主要武器最初是105毫米口径L43.5 M68型炮，后换装可发射多种弹药的120毫米口径MG251/MG253滑膛炮。

发动机
“梅卡瓦”IV搭载1台通用动力公司的GD833柴油机，使其最高公路行驶速度可达64千米/时。

“梅卡瓦”一词由希伯来语“战车”音译而来。“梅卡瓦”主战坦克能够搭载8名全副武装的步兵或3名位于担架上的伤员。

研发工作的重点在于尽可能提高新型坦克的乘员生存能力，因为对自己的生存能力充满自信的士兵会更积极地与敌人作战，并且能够将坦克的火力和机动性发挥到极致。

此外，新型坦克要适应沙漠地区的作战环境，主要是以色列北部、戈兰高地和西奈半岛上的争议地区。最后，新型坦克应尽可能多地整合现有的先进设备，引入全新的设计理念，尽量减少其弱点，并能在战场上执行多重任务。

由以色列军事工业集团（IMI）牵头设计工

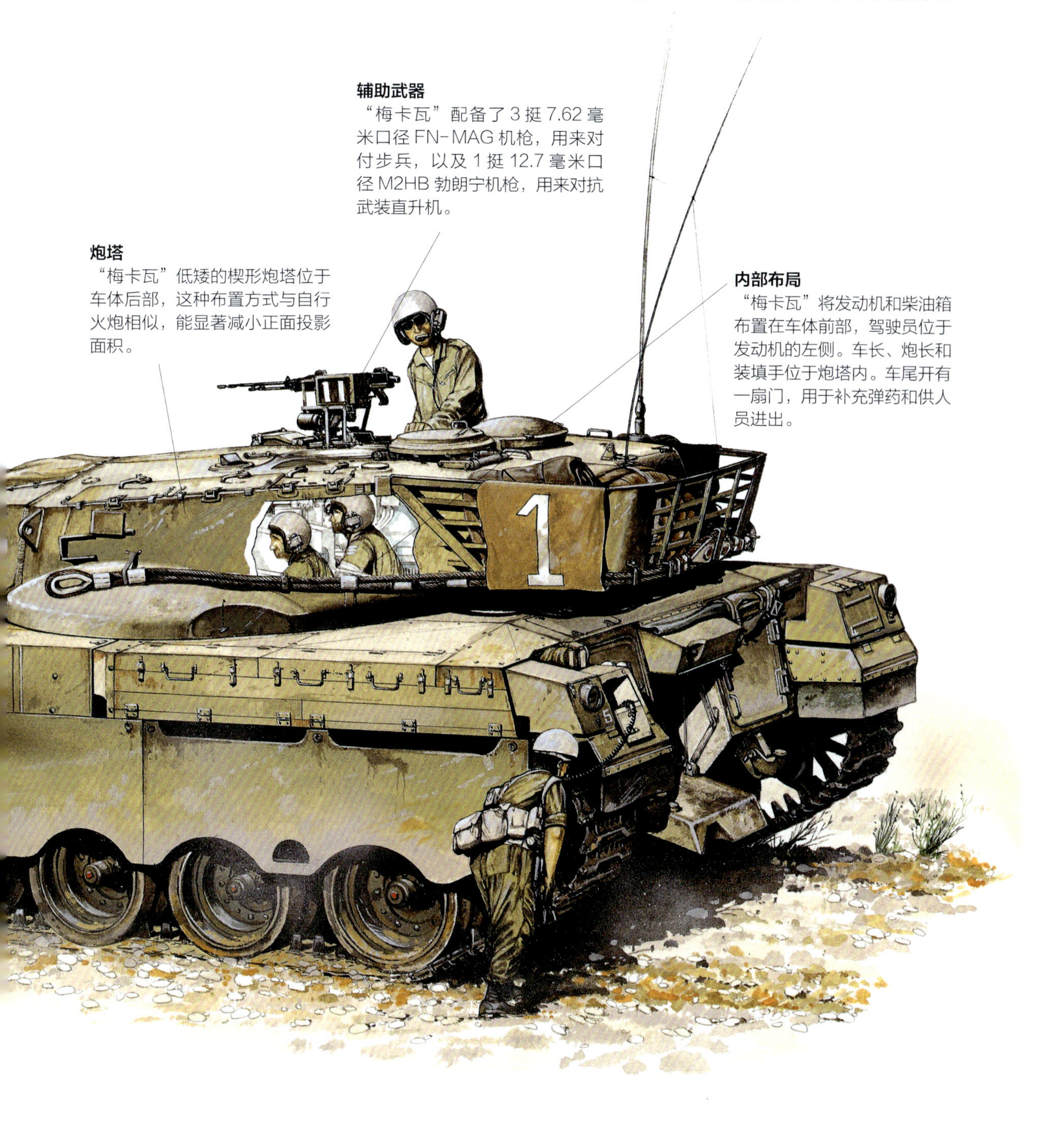

辅助武器

“梅卡瓦”配备了3挺7.62毫米口径FN-MAG机枪，用来对付步兵，以及1挺12.7毫米口径M2HB勃朗宁机枪，用来对抗武装直升机。

炮塔

“梅卡瓦”低矮的楔形炮塔位于车体后部，这种布置方式与自行火炮相似，能显著减小正面投影面积。

内部布局

“梅卡瓦”将发动机和柴油箱布置在车体前部，驾驶员位于发动机的左侧。车长、炮长和装填手位于炮塔内。车尾开有一扇门，用于补充弹药和供人员进出。

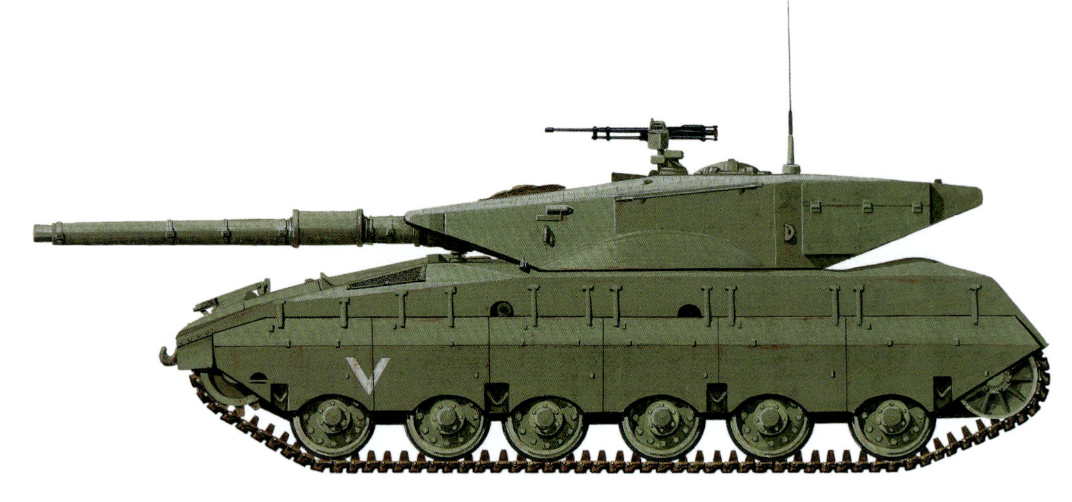

“梅卡瓦”系列主战坦克由以色列设计和生产，极大程度上缓解了以色列国防军对进口坦克和装甲车辆的依赖。

作。“梅卡瓦”的原型车于 1974 年下线，并开始接受测试。3 年后，“梅卡瓦”Ⅰ正式定型，由以色列国防军军械集团生产。随后，以色列国防军的一线装甲部队开始批量装备“梅卡瓦”Ⅰ。

激进的反思

从设计图到装配线，再到战场，“梅卡瓦”都与传统主战坦克大相径庭。它的发动机和柴油箱位于车体前部，增加了装甲防护。装甲的成分是高度机密，据推测最初采用了轧制铸造 / 焊接镍钢均质装甲板，后改为以色列版的“乔巴姆”复合装甲。

“梅卡瓦”的炮塔位于车体后部，呈楔形，以尽量减小正面投影面积。“梅卡瓦”还可用作运兵车或医疗后送车。它配装一门 105 毫米口径 L43.5 M68 型炮。1982 年，在黎巴嫩的激烈战斗中，“梅卡瓦”Ⅰ型首次亮相。“梅卡瓦”Ⅱ型配备了更好的灭火抑爆装置、城市战装备和全新设计的自动变速器。

技术参数：

尺　　寸：	车长：7.45 米 车宽：3.7 米 车高：2.75 米
重　　量：	55.9 吨
发 动 机：	1 台大陆公司 AVDS-1790-6A 12 缸涡轮增压柴油发动机，功率为 671 千瓦
速　　度：	46 千米 / 时
武　　器：	主要武器：1 门 105 毫米口径 L43.5 M68 型炮 辅助武器：3 挺 7.62 毫米口径 FN-MAG 机枪；1 挺 12.7 毫米口径 M2HB 勃朗宁机枪；1 门索尔塔姆公司的 60 毫米口径迫击炮
装　　甲：	机密
续驶里程：	公路：460 千米 越野：200 千米
乘 员 数：	4 人

不断改进

1989 年，“梅卡瓦”Ⅲ型投入使用，它相对于以前的型号进行了诸多改进：原有的 105 毫米口径炮被威力更强大的 120 毫米口径 MG251 滑膛炮取代，该炮是德国莱茵金属公司同等口径炮的仿制品；最初配装的大陆公司的 AVDS-1790-6A12 缸柴油发动机被功率更大的柴油机取代；安装了模块化复合装甲；在车体外部安装了一部电话，用于战地通信；安装了激光测距仪。

1995 年，“梅卡瓦”Ⅲ型再次按受改进，安装了三防系统以及用于行进间捕捉目标的 BAZ 火

“梅卡瓦”主战坦克没有采用炮塔吊篮。当炮塔在捕捉目标过程中旋转时，车体底板也随之转动。车长通过舱门进出坦克，取消了指挥塔。

控系统。“梅卡瓦”IIID 型采用了性能更好的由以色列设计、卡特彼勒公司生产的履带。

“梅卡瓦”IV 型于 1999 年开始研制，2004 年投入使用，它安装了一门 120 毫米口径 MG253 滑膛炮，可发射炮射导弹和各种弹药。该炮采用半自动装填系统，旋转弹舱内装有 10 发炮弹。“梅卡瓦”IV 采用电传炮塔，炮塔内安装了新型火控系统，能通过热成像瞄准和跟踪设备捕获多个运动目标，同时改进了夜视设备。“梅卡瓦”IV 型采用了通用动力公司的 GD833 柴油发动机，功率为 1118 千瓦，动力性能得到大幅提升。

“梅卡瓦”IV 采用的“奖杯”（Trophy）主动防御系统（APS）能够识别判断来袭炮弹，计算出可能的命中位置，并实施反制措施来摧毁来袭炮弹。2006 年，在黎巴嫩冲突中，“梅卡瓦”IV 型首次投入战斗。从综合作战性能角度来看，“梅卡瓦”系列无疑是世界上最好的主战坦克之一。

“梅卡瓦”在街道

2006 年，“梅卡瓦”主战坦克在黎巴嫩城镇中与游击队进行了残酷的战斗。此后，它的性能受到一些观察家的批评，他们认为面对反坦克导弹时“梅卡瓦”显得太过脆弱，且在巷战中有些缓慢和笨拙。尽管如此，“梅卡瓦”在保障乘员生存力和任务完成能力上仍有着良好声誉。

2006 年后，曾有人宣称“梅卡瓦”将在 4 年内停产。到 2011 年，有报道称“梅卡瓦”的继任者正在研制中。最终，在 2013 年 8 月，以色列政府宣布“梅卡瓦”的生产仍将继续。

“豹”2 主战坦克（1979）

“豹”2 主战坦克源于联邦德国与美国的联合研制项目，后由联邦德国独立研制，于 1977 年定型量产。

2007 年的阿富汗战场上，加拿大军队的一辆“豹”2A6 主战坦克遭到一个简易爆炸装置（IED）的袭击，所幸 4 名乘员无一人伤亡。后来，该坦克的车长报告说：“（坦克）起到了它应该起的作用。”

也许再没有其他事例能像这个例子一样说明，“豹”2 这种在 20 世纪 70 年代末就开始服役的主战坦克的成功。“豹”2 是许多因素共同促成的产物。早在 20 世纪 60 年代，美国和联邦德国军方的相关机构就已经在讨论合作研制新一代主战坦克。

在联合推出被称为 MBT-70 的原型车后，两

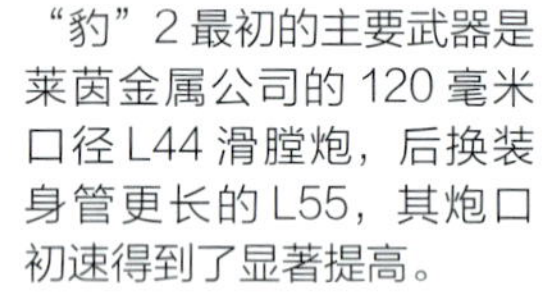

主要武器
“豹”2 最初的主要武器是莱茵金属公司的 120 毫米口径 L44 滑膛炮，后换装身管更长的 L55，其炮口初速得到了显著提高。

在美国和联邦德国军方高层的意见产生分歧后，联合开发主战坦克的计划彻底终止。不过两个国家最终都利用自己的经验生产出了性能出色的新主战坦克。

装甲防护
第三代复合装甲由陶瓷、钨、塑料和淬火钢等成分组成，为“豹”2 的乘员提供了极好的防护。防剥落衬层安装在乘员区域，能减少炮弹击中车体后崩落的碎片。

国军队的意见分歧愈演愈烈。在联合研制计划彻底破产后，德国人决定独立开发自己的“豹”2主战坦克，它综合了既有的“豹”1主战坦克和 MBT-70 原型车的特点。美国人则转而开发 M1“艾布拉姆斯”主战坦克。1972—1974 年，联邦德国军队对至少 16 种“豹”2 的原型车进行了评估。与此同时，美国人也制成了“艾布拉姆斯”的原型车 XM-1。根据第二次联合开发协议，两国交换了各自的坦克原型设计方案。

两国独立评估的结果表明，两种方案的综合

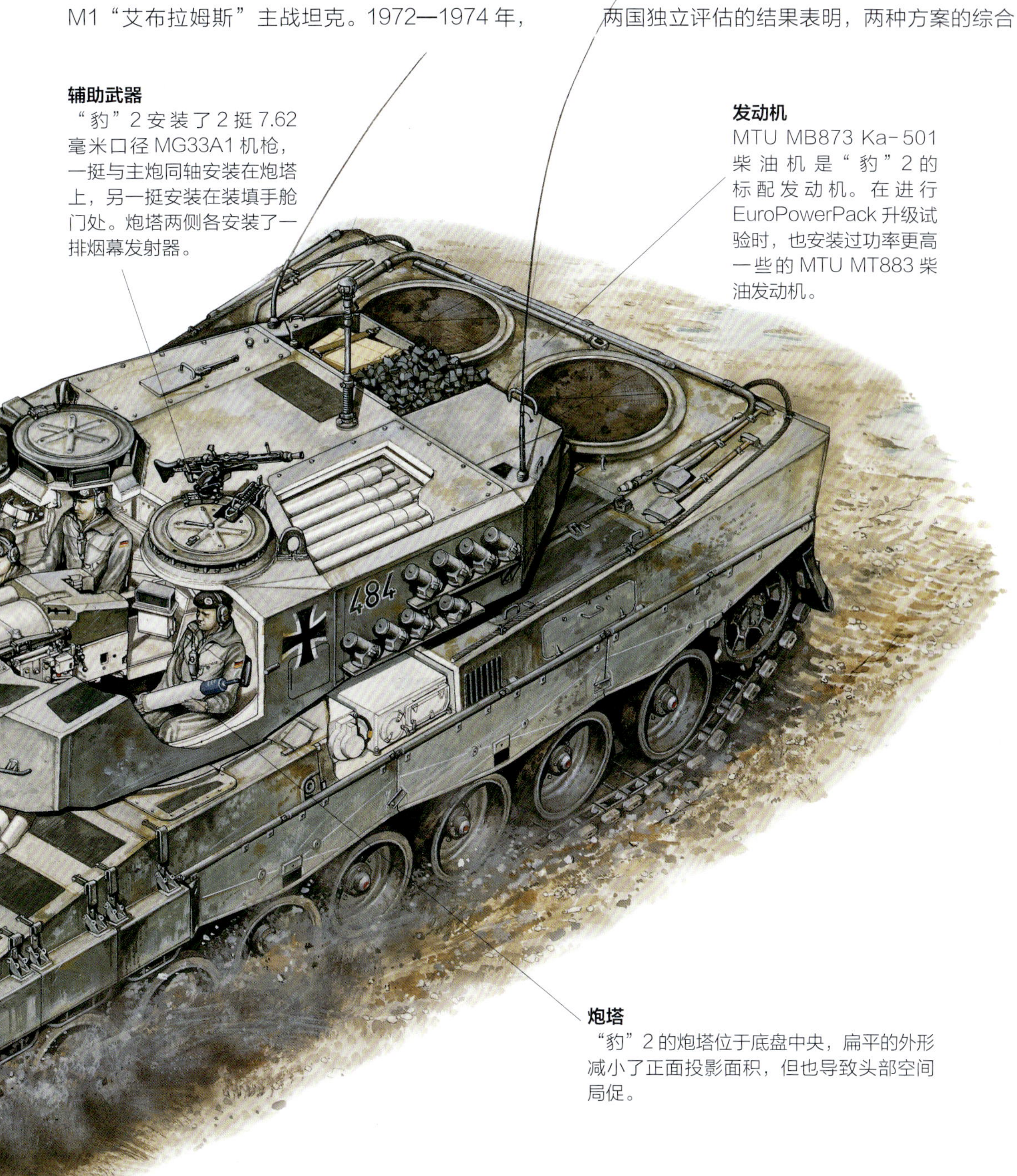

辅助武器
“豹”2 安装了 2 挺 7.62 毫米口径 MG33A1 机枪，一挺与主炮同轴安装在炮塔上，另一挺安装在装填手舱门处。炮塔两侧各安装了一排烟幕发射器。

发动机
MTU MB873 Ka-501 柴油机是“豹”2 的标配发动机。在进行 EuroPowerPack 升级试验时，也安装过功率更高一些的 MTU MT883 柴油发动机。

炮塔
“豹”2 的炮塔位于底盘中央，扁平的外形减小了正面投影面积，但也导致头部空间局促。

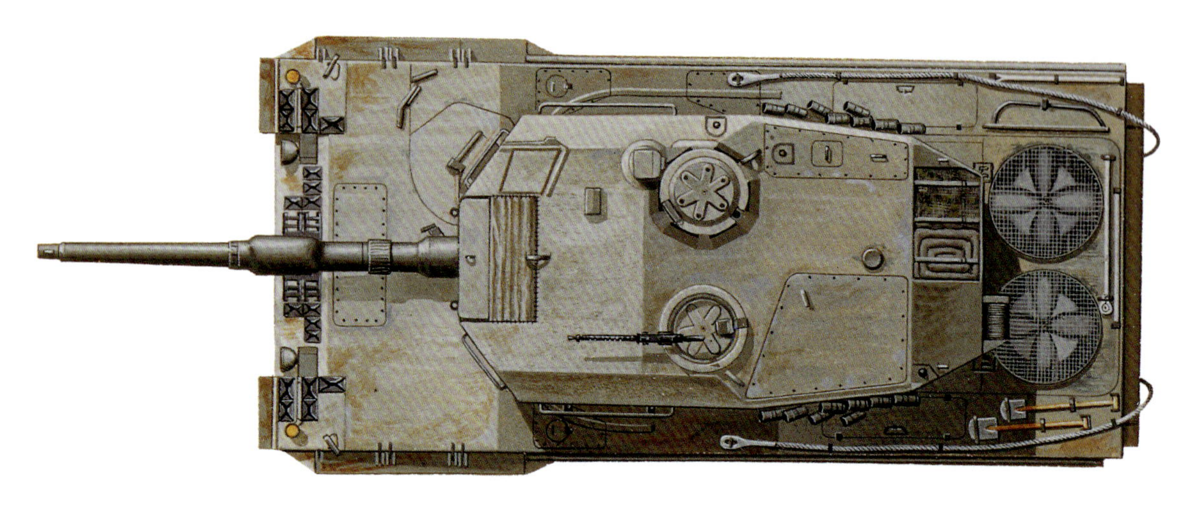

“豹”2 的车长和炮长的观察和目标获取系统能相互协调工作。这种技术与 120 毫米口径 L55 滑膛炮结合能在战斗中发挥致命效能。

性能旗鼓相当。美国人的结论是 XM-1 具有更好的装甲防护能力，因此仍然选择了 XM-1 作为最终方案。1977 年 9 月，“豹”2 正式定型并投入批量生产。克劳斯·玛菲公司作为主要承包商和项目管理方生产了首批 1800 辆，分五个批次交付。最终，“豹”2 的总产量超过 3200 辆，在至少 14 个国家的军队中服役。

技术参数：

尺　　寸：	车长：9.97 米 车宽：3.75 米 车高：3 米
重　　量：	62.3 吨
发 动 机：	1 台 MTU MB873 Ka-501 V-12 双涡轮增压柴油发动机，功率为 1103 千瓦
速　　度：	72 千米 / 时
武　　器：	主要武器：1 门 120 毫米口径莱茵金属公司 L55 滑膛炮 辅助武器：2 挺 7.62 毫米口径 MG3A1 机枪
装　　甲：	机密；采用第三代复合装甲
续驶里程：	550 千米
乘 员 数：	4 人

优异的技术

“豹”2 在工程技术方面是首屈一指的。从一开始，“豹”2 就配备了最先进的进攻和防御系统。在 1979 年正式服役时，它无疑是世界上最先进的主战坦克之一。

“豹”2 最初的主要武器是莱茵金属公司制造的 120 毫米口径 L44 型滑膛炮，后来升级为 L55 型炮。L55 加长了身管，增大了初速和射程，并且提高了首发命中率。该炮配备了新型动能弹 LKE2 DM53，弹芯由钨合金制成，能够穿透当时苏联装备的最新型坦克的装甲。

“豹”2 采用了 MTU MB873 Ka-501 V-12 双涡轮增压柴油发动机，最高行驶速度可达到 72 千米 / 时。尽管“豹”2 的外形宽大扁平，但由于采用了伦克（Renk）公司的 HSWL354 传动装置和扭杆悬架，在开阔的原野和崎岖地形上仍有良好的机动性。“豹”2 的内部布局合理，驾驶员位于车体前部，车长、炮长和装填手位于炮塔内，发动机位于车体后部。尽管头部空间有限，但乘员在炮塔内仍能自如活动。

“豺”2 采用的先进目标获取技术包括为车长和炮长配备的 PERI-R17 A2 潜望镜，以及为车长配备的热成像仪，其输出影像通过炮塔内的屏幕显示。驾驶员的热成像仪与火控系统连接在一起，可与车长共享信息。炮长配备了莱茵金属公司生产的 EMES15 激光测距仪和蔡司公司的 OPTRONIK 热成像瞄准具，同样与火控系统相连。

长寿的豹式坦克

德国人对“豹”2 进行了持续的升级改进，使其多方面性能不断提升。“豹”2A1 采用了炮长热成像瞄准具，改进了燃油滤清器，采用了重新设计的弹药架。“豹”2A3 改进了数字式无线电设备。“豹”2A4 采用了自动灭火抑爆装置、由钨钛合金构成的复合装甲炮塔和数字化火控系统。

“豹”2A5 在整个车体内部增加了防剥落衬层，增强了炮塔处的装甲并采用电气控制的炮塔旋转机构，增加 1 台辅助发动机，提高了地雷防护能力并安装了空调。另外，L55 型炮采用了更好的控制系统。“豹”2A6 采用了第三代复合装甲，含有钢、钨、塑料和陶瓷等成分，增强了对地雷的防护能力，在阿富汗战争中展现了价值。

在野外的“豹”2

下图为一辆进行野外训练的“豹”2 主战坦克，它休整后将部署到巴尔干地区。德国装甲部队曾在科索沃部署了“豹”2A4 和“豹”2A5，加拿大和丹麦军队则在阿富汗使用过“豹”2。2008 年 1 月，在赫尔曼德省进行的侧翼机动行动中，丹麦的“豹”2 提供了强有力的火力支援，终结了塔利班的胜利，并在 2008 年 2 月支援加拿大军队重新夺取了纳德阿里地区。2008 年 2 月，一辆“豹”2 遭到简易爆炸装置袭击受损，在没有外界帮助的情况下，它仍安然返回了基地。但在同年 7 月的一次类似袭击事件中，一名丹麦的“豹”2 乘员阵亡。

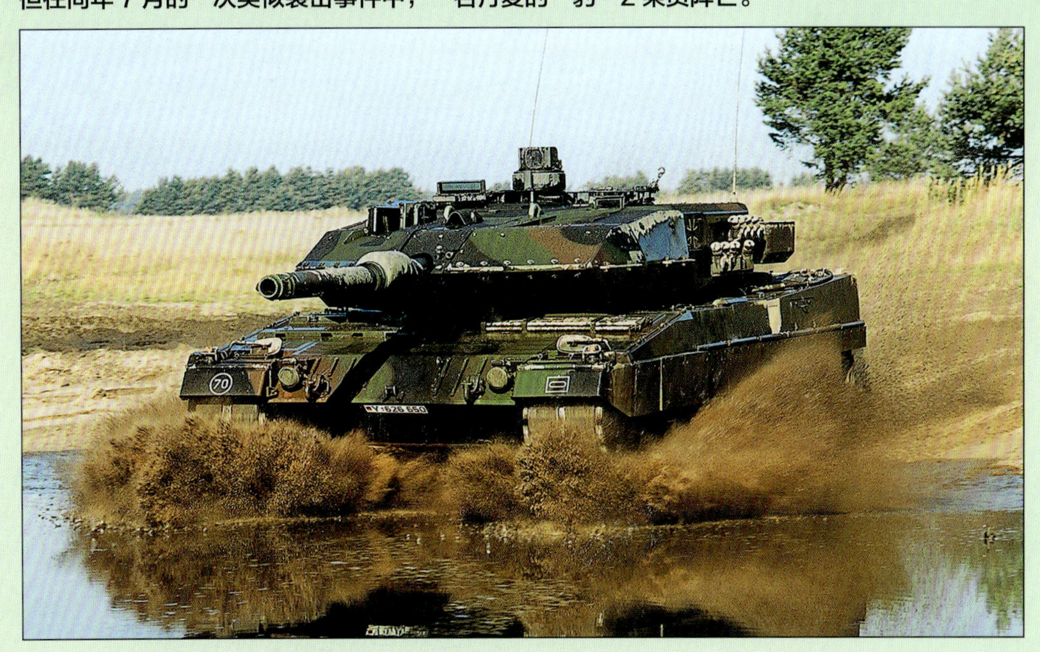

M2“布雷德利”步兵战车（1981）

M2/M3“布雷德利”步兵战车的研发工作始于越南战争时期，但直到1981年，它才进入美国陆军服役。即便如此，围绕其作战能力的争议从没有停止过。

当越南战争进行到高峰时，美国陆军开始寻求M113装甲输送车的替代品。实战表明，M113在丛林地形中机动困难，高大的外形轮廓使它容易受到苏制火箭弹（RPG）等肩扛式反坦克武器的攻

主要武器
25毫米口径链式机关炮由麦克唐纳·道格拉斯公司生产，绰号“大毒蛇”。该炮能发射贫铀穿甲弹和高爆弹。

击，并且它所配备的武器火力不足，无法为步兵提供有效的直瞄火力支援。

虽然新型步兵战车的技术规格很早就已明确，但研制进展却很缓慢。一些怀疑论者质疑它的轻型装甲防护和 25 毫米口径炮是否能适应当时的战场环境，他们主要是依据苏联 BMP-1 步兵战车在 1973 年“赎罪日”战争中的拙劣表现。尽管如此，研制一种能与主战坦克保持相同的进攻步伐，并能伴随步兵占领和守住阵地或执行快速侦察任务的新型步兵战车仍然是当务之急。

对“布雷德利”的“讨价还价”

M2/M3“布雷德利”步兵战车以第二次世界大战时期的美国英雄陆军上将奥马尔 · N. 布雷德

“布雷德利”有步兵战车和骑兵战车两种配置，并拥有绝佳的火力配置。

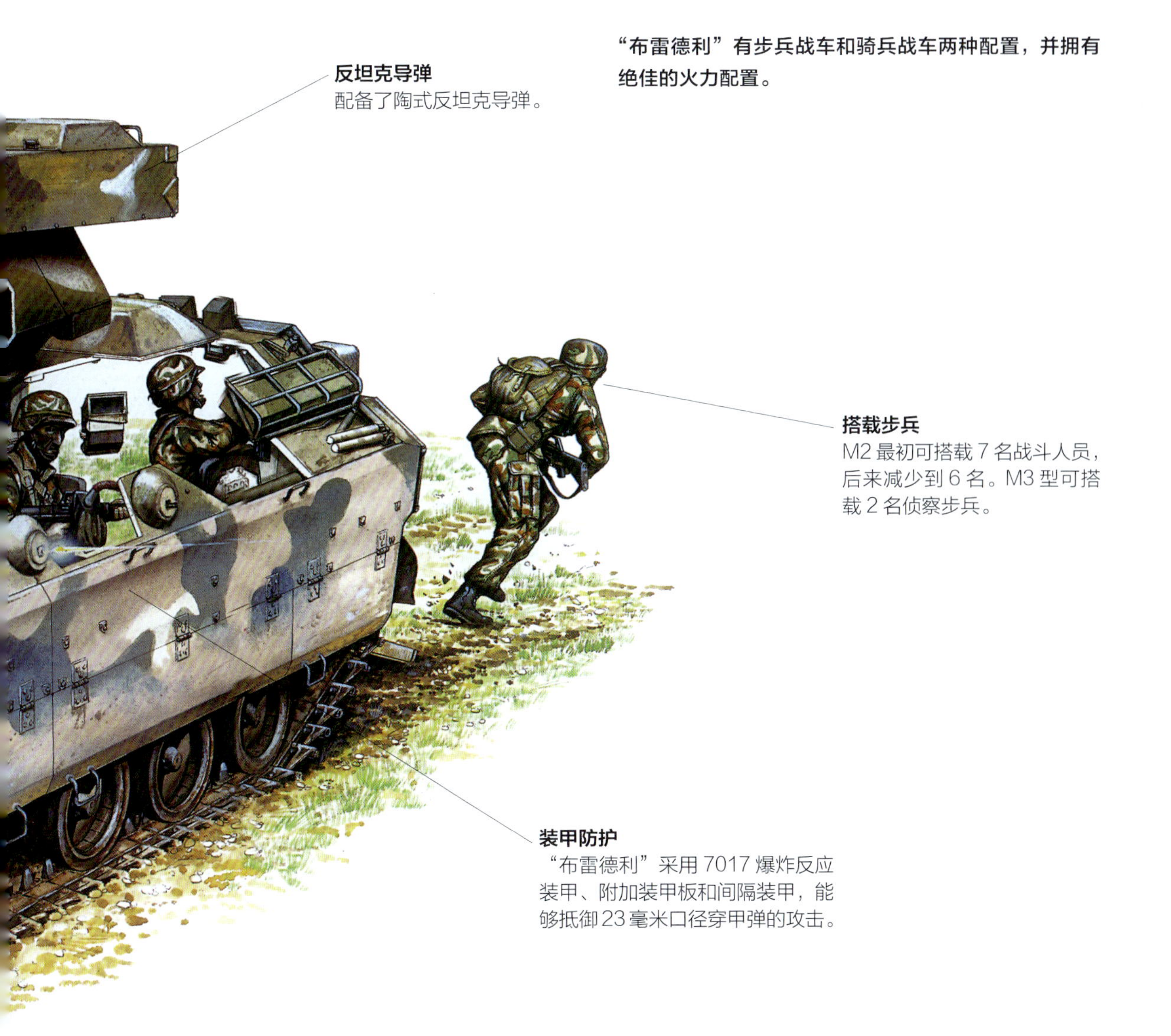

反坦克导弹
配备了陶式反坦克导弹。
搭载步兵
M2 最初可搭载 7 名战斗人员，后来减少到 6 名。M3 型可搭载 2 名侦察步兵。
装甲防护
“布雷德利”采用 7017 爆炸反应装甲、附加装甲板和间隔装甲，能够抵御 23 毫米口径穿甲弹的攻击。

M2/M3“布雷德利”步兵战车自服役以来经历了多次改进。其中一次是在1991年海湾战争的“沙漠风暴”行动中，改进了火控系统、导航系统、热成像系统和指挥控制系统，大大提高了综合性能。

利的名字命名。在1980年2月正式投产以前，它饱受争议，经历了美国国会的调查和发生在国会山上的项目资金之战。“布雷德利”于1981年开始服役，这时距离项目启动时间已经过去了整整十五年。

“布雷德利”按照两种基本配置生产。M2型最初设计用来运载7名全副武装的步兵（另有3名车组成员），步兵可通过车尾舱门进出。后来，M2型的载员数减少至6人。M3型可运载2名侦察步兵（另有3名车组成员）。“布雷德利”由BAE系统公司的地面武器分部生产，总产量近6800辆。

技术参数：

尺　　寸：	车长：6.55米 车宽：3.6米 车高：2.98米
重　　量：	27.6吨
发 动 机：	1台康明斯VTA-903T 8缸柴油发动机，功率为447千瓦
速　　度：	60千米/时
武　　器：	主要武器：1门25毫米口径麦克唐纳·道格拉斯公司M242链式机关炮；陶式反坦克导弹发射装置 辅助武器：1挺7.62毫米口径M240C机枪
装　　甲：	厚度为机密；间隔装甲；7017爆炸反应装甲
续驶里程：	483千米
乘 员 数：	3人

计算后的组合

“布雷德利”在设计上保持了火力、防护和机动性的平衡，并进行了稳步改进，以执行侦察和步兵支援任务。在1991年的海湾战争和2003年的伊拉克战争期间，它击毁坦克和装甲车辆的能力成为舆论关注的焦点。

“布雷德利”采用康明斯的VTA-903T 8缸柴油发动机，最高速度可达66千米/时。它采用扭杆悬架，功率重量比为14.7千瓦/吨，这使它能快速穿越沙漠、沼泽等地形。为保证机动性，“布雷德利”的装甲保护同主战坦克相比较弱。它采用间隔装甲和钢质附加装甲，足以抵御轻武器和口径在23毫米（含）以下的炮弹。此外，它还可加装7017爆炸反应装甲（ERA），以提高防护能力。

“布雷德利”装备的M242链式机关炮在发射贫铀穿甲弹时能击穿轻型装甲车的主装甲，发射高爆弹时能有效对付软目标。炮长通过自动/遥控双选系统来选择合适的弹药，因此能快速且连续地应对各种目标。全车可携带900发M242的炮弹。

“布雷德利”的反坦克武器包括位于炮塔左侧可折叠发射架上的陶式反坦克导弹。通常情况下，它在战斗区域时携带7枚反坦克导弹。此外，它也可利用7.62毫米口径M240C同轴机枪为步兵提供火力支援，该枪可装弹800发，车内备弹1540发。

一辆“布雷德利”步兵战车在行进中卷起一阵沙尘。它在“沙漠风暴”行动和“伊拉克自由”行动中的出色表现给了支持者们以充分的信心。“布雷德利”可执行侦察、步兵支援和反坦克等任务。

经验催生的变化

根据海湾战争的实战经验，美军对“布雷德利”进行了名为“沙漠风暴行动”（DOS）的升级。M2A2 型上安装了导弹反制装置、全球卫星定位和数字罗盘系统、战术导航系统和性能更好的激光测距设备。M2A2 型还安装了与“21 世纪旅及旅以下作战指挥系统”（FBCB2）通信的接口，同时为步兵装备了可折叠座椅，以及用于加热食物的加热器。

M2A3 型采用了前视红外（FLIR）瞄准镜、光电成像系统和性能更好的火控系统。

“布雷德利”在伊拉克

M2/M3“布雷德利”步兵战车在 1991 年海湾战争和 2003 年伊拉克战争中取得了良好的战绩。在海湾战争期间，美陆军第 2 装甲骑兵团的“布雷德利”在 73 区以东的战斗和其他战斗中击毁了大量伊拉克装甲车辆。

在“伊拉克自由”行动中，虽然“布雷德利”容易遭受简易爆炸装置（IED）和火箭弹（RPG）的攻击，但其乘员的生存率却相当高。某些情况下，“布雷德利”会利用自身配备的陶式反坦克导弹击毁伊拉克坦克。以“布雷德利”为基础研制的特种车辆包括侦察车、防空导弹发射车和反坦克导弹发射车等。

“挑战者”1 主战坦克（1982）

英国陆军于 20 世纪 80 年代初开始列装“挑战者”1 主战坦克，以替换逐渐老化的“酋长”主战坦克。“挑战者”1 的产量较少，它充当了从旧式坦克到更强大的“挑战者”2 主战坦克之间的桥梁。

在具有讽刺意味的政治动荡和军事需求的频繁变化中，“挑战者”1 在 20 世纪 80 年代初成为英国陆军的主力主战坦克。近 20 年后，在世纪之交时，“挑战者”1 被维克斯防务公司研制的“挑战者”2 取代。

1979 年的伊斯兰革命终结了伊朗的巴列维王朝，随后，伊朗此前与英国达成的 1225 辆“伊朗狮”II 主战坦克的订单被迫取消。“伊朗狮”II 本质上是“酋长”的升级型，似乎诞生伊始就没有光明的前景。与此同时，英国国防部批准了与联

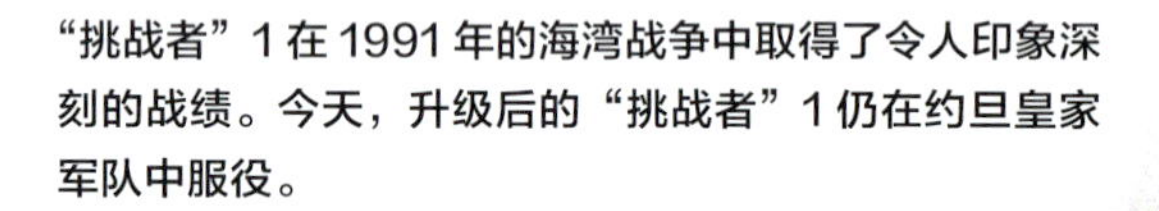

“挑战者”1 在 1991 年的海湾战争中取得了令人印象深刻的战绩。今天，升级后的“挑战者”1 仍在约旦皇家军队中服役。

主要武器
“挑战者”1 采用了与“酋长”主战坦克相同的由皇家军械厂生产的 120 毫米口径 L11A5 型炮。该炮的精度较高，配有新型观瞄和火控系统。

发动机
“挑战者”1 搭载 1 台罗尔斯 - 罗伊斯 CV12 柴油机或帕金斯发动机公司康达 V12 柴油机，两者的功率相当。其最高速度可达 60 千米 / 时。

邦德国共同研制新型主战坦克的项目——这型新主战坦克理论上将成为西欧国家未来的制式主战坦克。

不久，英德联合项目陷入僵局，英国开始独立研制新型主战坦克，暂称为MBT-80项目。然而，高昂的成本和迅速发展的技术最终使MBT-80项目胎死腹中。

聚焦“伊朗狮”II

经过两次失败后，英国人再次将注意力转向“伊朗狮”II。新一代主战坦克的研制工作仍在继续，将“伊朗狮”II升级到英国陆军的标准似乎是一个可行的选择。这一升级项目随后得到批准，

辅助武器
“挑战者”1装有2挺7.62毫米口径机枪——一挺L37A2安装在车长指挥塔上，另一挺LA82与主炮同轴安装在炮塔上。此外，它还装有烟幕弹发射装置，位于炮塔两侧。
炮塔
偏平的炮塔为3名乘员提供了充足的空间，同时最大程度上减小了正面投影面积。车长配备9具潜望镜，具备全向视野。
装甲防护
革命性的“乔巴姆”复合装甲为“挑战者”1的乘员提供了比均质钢装甲更好的防护性。其他一些国家的坦克也采用了“乔巴姆”装甲，如美国的M1“艾布拉姆斯”主战坦克。

“挑战者”1作为老式“酋长”主战坦克和现代化的“挑战者”2主战坦克之间的桥梁，融入了众多创新技术。它在英国陆军中的服役时间长达近20年。

并被命名为“切维厄特”，最终更名为“挑战者”，这一名称可以追溯到第二次世界大战时期的一型巡洋坦克。“挑战者”1经过重新设计，安装了大量新设备。最初，“挑战者”1的变速器、发动机起动装置和激光瞄准装置等部件暴露出一些问题，得益于此前新型主战坦克研发项目的成果，这些问题都得到了妥善解决。

技术参数：

尺　　寸：	车长：11.55米（含炮管） 车宽：3.52米 车高：2.89米
重　　量：	62吨
发 动 机：	1台罗尔斯-罗伊斯CV12柴油发动机或帕金斯发动机公司康达V12柴油发动机，功率为895千瓦
速　　度：	60千米/时
武　　器：	主要武器：1门120毫米口径皇家军械厂L11A5型炮 辅助武器：1挺7.62毫米口径LA82机枪；1挺7.62毫米口径L37A2机枪
装　　甲：	乔巴姆复合装甲，厚度为机密
续驶里程：	公路：483千米 越野：250千米
乘 员 数：	4人

新与旧

安装在“酋长”上的120毫米口径L11A5型炮被移植到“挑战者”1上。该炮发射的炮弹采用分装式药包，能防止弹药殉爆，增强了安全性。“挑战者”1的辅助武器包括2挺7.62毫米口径GPMG机枪，备弹4000发。“挑战者”1扁平的炮塔前部明显倾斜，车长位于炮塔内右侧，装填手在他左侧，炮长位于车长前下方。令人赞叹的是，尽管“挑战者”1的外形轮廓低矮，但其车内空间十分宽敞。按照传统的英国式布局，动力舱位于车体后部，驾驶员位于车体正前部，处于车体中心线上，半躺式驾驶座椅能大大降低车身高度。

“挑战者”1采用了罗尔斯-罗伊斯公司的CV12柴油机或帕金斯发动机公司的康达V12柴油机，两型发动机的功率相同。“挑战者”1的最高速度可达60千米/时。No 10 Mk.1激光瞄准具可在各种天气条件下使用，配合GEC马可尼火控系统，使“挑战者”1能在行进间快速捕捉目标。车长配备了图像增强瞄准具和No 15昼间瞄准具，对周围战场环境有较强的感知能力。

英国陆军于1981年12月开始接收“挑战者”1主战坦克。它采用液气悬架，车体两侧各有6个负重轮。

特色装甲

“挑战者”1将重点放在了生存力上，它最具革命性的进步是采用了乔巴姆装甲，该装甲由陶瓷和合金材料制成，具体成分属高度机密。乔巴姆装甲由位于萨里郡乔巴姆镇的英国研究机构研制，它比传统的钢质装甲更坚固，防护能力据称可达传统钢质装甲的5倍。美国的M1“艾布拉姆斯”主战坦克也安装了乔巴姆装甲。

实际上，“挑战者”1在服役期间一直被称为“挑战者”，直到“挑战者”2问世后，才更名为“挑战者”1。大约有400辆“挑战者”1从英军中退役后转手给约旦皇家军队，在那里得到继续升级，并更名为“埃·侯赛因”。在1991年海湾战争期间，“挑战者”1随英国陆军部署到伊拉克，后来又相继部署到波黑和科索沃。基于“挑战者”底盘打造的特种车辆包括装甲抢修车和装有固定炮塔的驾驶员训练车。“神射手”自行高炮是“挑战者”的底盘与“神射手”炮塔的组合，配备了马可尼400系列雷达和双35毫米口径厄利孔机关炮。

接受伊拉克的挑战

在“沙漠盾牌”和“沙漠风暴”行动期间，“挑战者”运抵中东后，就立即针对沙漠作战环境进行了升级，例如加装了爆炸反应装甲、外置油箱和烟幕弹发射装置。在同伊拉克的T-54/55和T-72坦克交战的过程中，“挑战者”取得大约300次胜绩，而自己毫无损失。一辆“挑战者”创造了现代战争中坦克对坦克的最远击毁纪录——它在超过5千米的距离上用一发贫铀穿甲弹摧毁了一辆伊拉克坦克。

M1A1“艾布拉姆斯”主战坦克（1985）

M1A1“艾布拉姆斯”主战坦克在1980年开始进入美军服役的M1坦克的基础上改进而成，它在巴尔干和中东地区经历了实战，并取得了骄人的战绩。

与联邦德国联合研制制式主战坦克的计划失败后，美国选择独立研制自己的新一代主战坦克，并暂时命名为XM-1项目。第一辆M1“艾布拉姆斯”主战坦克于1976年交付并接受相关测试，1980年开始服役。

1985年，M1A1投产，与最初的M1相比，它进行了一些升级和改进。在1991年的海湾战争和2003年的“伊拉克自由”行动中，M1A1经历了战场的考验，以实战表现证明了那些认为其成本过高且机动性不佳的批评者是错误的。

作为世界上最先进的主战坦克之一，M1A1“艾布拉姆斯”坦克集众多攻击和防护领域的创新技术于一身，包括贫铀装甲、120毫米口径滑膛炮和燃气轮机。

主要武器

M1A1装备的120毫米口径M256滑膛炮是德国莱茵金属公司L/44型炮的特许生产型。

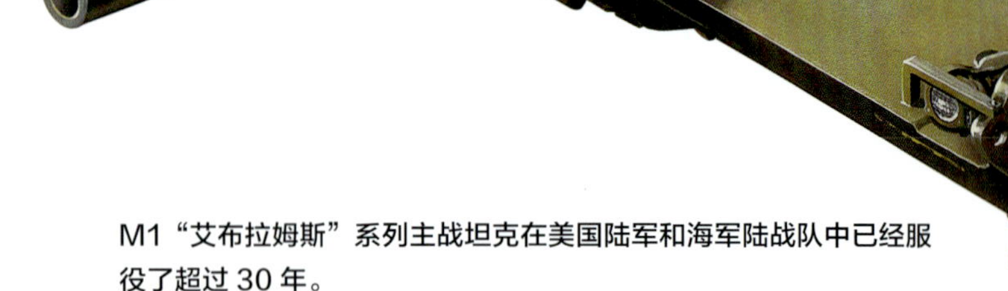

M1“艾布拉姆斯”系列主战坦克在美国陆军和海军陆战队中已经服役了超过30年。

适应性强

M1A1 最显著的改进是用德国莱茵金属公司的 120 毫米口径 L/44 滑膛炮替换了 M1 的 105 毫米口径 L/52 M68A1 线膛炮。L/44 滑膛炮具有超强的火力，能够发射各种类型的弹药。但美国军方认为它的结构过于复杂，因此在从莱茵金属公司获得该炮的生产许可后，又对其进行了简化改进，包括用螺旋弹簧制退装置替换了原来的液压制退装置。美国生产的 L/44 更名为 M256。M1A1 采用的动力装置是装甲车辆推进领域的一次质的突破。它并没有采用已经在坦克上使用了超过半个世纪的柴油发动机，而是采用了莱康明

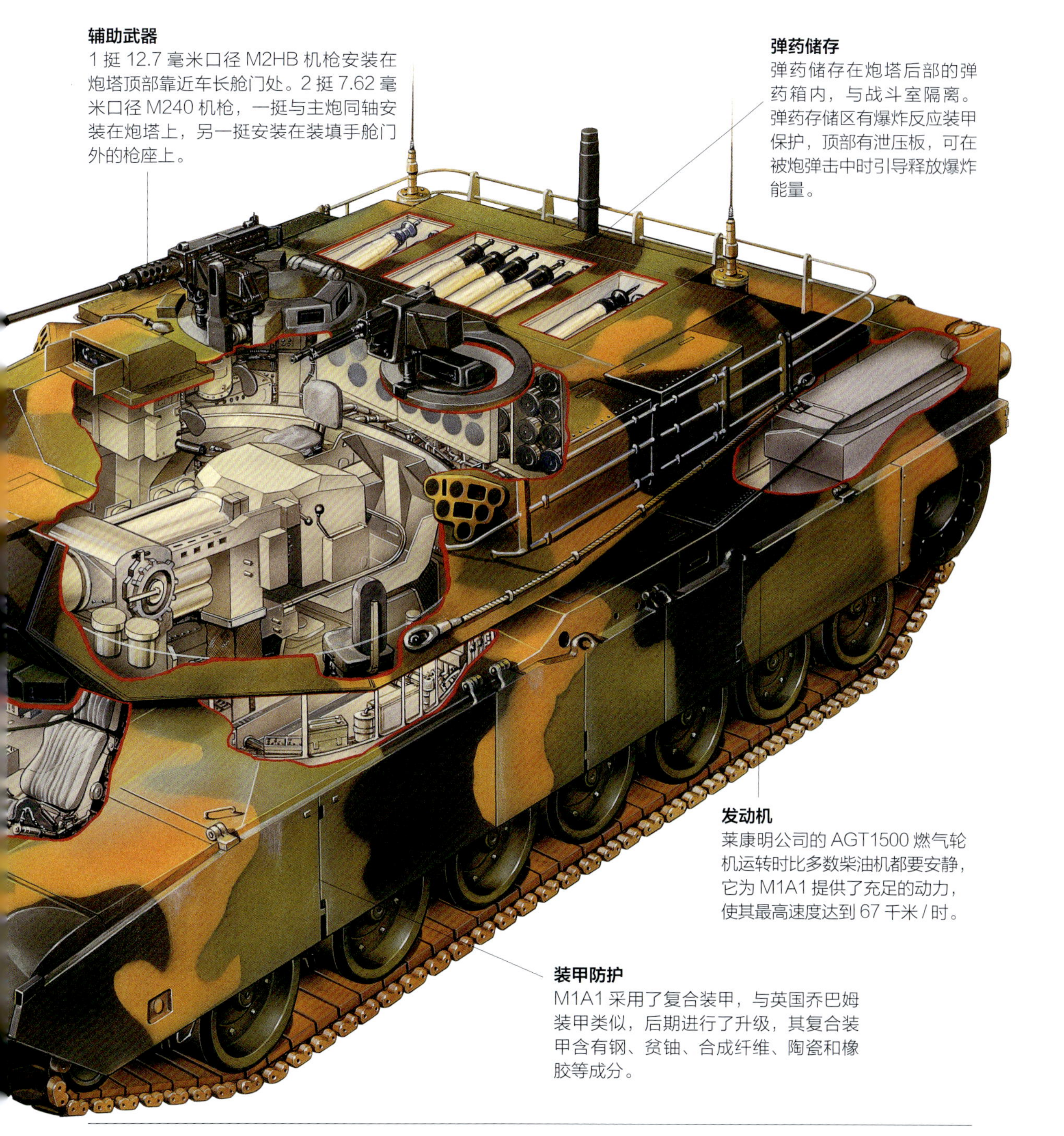

辅助武器
1 挺 12.7 毫米口径 M2HB 机枪安装在炮塔顶部靠近车长舱门处。2 挺 7.62 毫米口径 M240 机枪，一挺与主炮同轴安装在炮塔上，另一挺安装在装填手舱门外的枪座上。
弹药储存
弹药储存在炮塔后部的弹药箱内，与战斗室隔离。弹药存储区有爆炸反应装甲保护，顶部有泄压板，可在被炮弹击中时引导释放爆炸能量。
发动机
莱康明公司的 AGT1500 燃气轮机运转时比多数柴油机都要安静，它为 M1A1 提供了充足的动力，使其最高速度达到 67 千米 / 时。
装甲防护
M1A1 采用了复合装甲，与英国乔巴姆装甲类似，后期进行了升级，其复合装甲含有钢、贫铀、合成纤维、陶瓷和橡胶等成分。

一系列现代化改进项目使 M1A1 主战坦克一直保持着战场优势。升级中包括核生化（NBC）武器防护系统、更强的装甲防护、性能更好的悬架以及新型目标获取系统。

公司的燃气轮机，该发动机以能够在极端气候条件下可靠工作而闻名，且运转噪声低于多数柴油发动机。由于采用了燃气轮机，M1A1 能在短短几秒内加速到经济巡航速度，也因此得到了“寂静死神”的绰号。

早期生产的 M1 采用了英国的乔巴姆装甲，它的防护能力比均质钢装甲要高许多倍。1988 年，美军又在 M1A1 的车体轧制镍钢装甲板外安装了包含贫铀、钢、陶瓷、合成纤维和橡胶等成分的复合装甲。它的实际防护能力仍然是高度机密。在伊拉克作战时，M1A1 的装甲没有被苏制 T-72 或 T-72M 坦克炮击穿的记录。

技术参数：

尺　　寸：	车长：7.92 米 车宽：3.66 米 车高：2.89 米
重　　量：	57 吨
发 动 机：	1 台莱康明公司的 AGT 1500 燃气轮机，功率为 1120 千瓦
速　　度：	67 千米 / 时
武　　器：	主要武器：1 门 120 毫米口径 L/44 M256 滑膛炮 辅助武器：2 挺 7.62 毫米口径 M240 机枪；1 挺 12.7 毫米口径 M2HB 机枪
装　　甲：	在轧制镍钢装甲外覆有复合装甲
续驶里程：	公路：500 千米 越野：300 千米
乘 员 数：	4 人

美军对于 M1 主战坦克的要求是与华约国家军队进行地面战。面对苏联压倒性的数量优势，美军重点加强了坦克获取目标的能力和先敌射击的能力，以弥补数量上的差距。因此 M1A1 的改进重点也放在了提升乘员生存能力、提升战场监视和目标获取能力、提升首发命中率以及减少瞄准和射击反应时间上。

目标获取技术

在漫长的服役期内，美军对 M1A1 进行了不少于 12 项的升级改进，不断提高其目标获取能力，包括增加前视红外（FLIR）设备和远程目标定位传感器，增加了辅助武器用热成像瞄准具，并对火控计算机进行了升级。M1A1 的数字式火控计算机从激光测距仪获取数据，然后由炮口校正装置和其他角度测量装置获取炮管弯曲情况，接着由外部传感器获取天气条件数据，最终计算出准确的射击修正参数。

M1A1 的车体布局具有很强的实用性，其炮塔得到了特别关注，因为升级设备已经占用了大量可用空间。驾驶员位于车体前部的一个倾斜座椅上，以降低车体高度，配备 3 具潜望镜，能在夜间和恶劣天气中使用。炮长位于三人炮塔内的右侧，配备了休斯公司的激光测距仪，该测距仪据记载曾经在超过 2.5 千米的距离上准确测量目标距离并辅助炮长击毁目标。装填手位于炮塔内左侧，负责为 M256 滑膛炮装填炮弹，并为 1 挺 12.7 毫米口径和 2 挺 7.62 毫米口径机枪补充弹药。车长位于炮塔内右侧，通过光学仪器和 6 具潜望镜观察战场环境。

M1A1 的生产工作于 1992 年结束，在 7 年的生产时间内，总产量达到 4800 辆。今天，大约有 4400 辆 M1A1 仍在美国陆军中服役，美国海军陆战队装备了约 400 辆。M1A1 还出口到伊拉克和澳大利亚，并在埃及以许可证方式生产。

M1A1 的改进项目包括车长热成像仪、遥控武器站、具有更高目标获取能力的火控系统、全球导航定位装置和车载自诊断系统。

M1A1在海外

美军最初为 M1A1 设定的战场是欧洲大陆，但它最终却在中东沙漠中大放异彩。在 1991 年的海湾战争中，仅有 18 辆 M1A1 在作战行动中丧失战斗力，其中 9 辆被彻底摧毁，另外 9 辆因触雷受损，修复后仍能继续使用，没有 1 名乘员阵亡。在 2003 年巴格达南部的一次坦克战中，M1A1 击毁了 7 辆伊拉克 T-72S，己方毫发无损。

AMX-56“勒克莱尔”主战坦克(1991)

AMX-56“勒克莱尔”主战坦克于20世纪90年代初开始服役，它使法国拥有了一型能与德国“豹”2和美国M1“艾布拉姆斯”相媲美的主战坦克。

早在20世纪60年代，法国政府就开始寻求新型主战坦克，以替换过时的AMX-30坦克。在这一过程中，法国政府评估并否决了美国、以色列和德国设计的坦克，最终决定与联邦德国联合研制。但该计划在1982年末失败，于是法国开始自主研制新型主战坦克。AMX-56“勒克莱尔”，以第二次世界大战期间领导自由法国第2装甲师的菲利普·勒克莱尔将军（1902—1947年）的名字命名，研制工作始于1983年，20世纪80年代末交付样车，由法国地面系统集团（GIAT）于1990年开始生产，相继生产了近900辆，主要装备法国陆军和阿联酋武装部队。

主要武器
120毫米口径GIAT CN120-26/ 52型炮目前仅配备了法国生产的弹药，必要情况下也能发射北约标准弹药。法国工程师围绕着主炮来设计“勒克莱尔”的炮塔。

装甲防护
车体和炮塔由钢装甲焊接而成。在基础装甲外加装了含钛、钨、凯夫拉和陶瓷等材料的模块装甲。

在“勒克莱尔”服役期间，法国政府一直在寻求合作伙伴，以分担巨大的成本。最终，阿联酋订购了436辆。

融合了法兰西风格

“勒克莱尔”注重机动性、防御性和火力的平衡，全重仅 51 吨，轻于同期其他国家的主战坦克，因此其功率重量比高达 21.1 千瓦 / 吨，最高速度可达 70 千米 / 时。它搭载 12 缸 SACM V8X-1500 柴油发动机，配有一个燃气涡轮增压器。此外，它还安装了透博梅卡（Turbomeca）公司的 TM307B 辅助动力装置。“勒克莱尔”采用液气悬架，共有 6 对负重轮，诱导轮在前，主动轮在后，匹配 SESM ESM500 自动变速器，包括 5 个前进档和 2 个倒档。

在野外，“勒克莱尔”仅用 30 分钟就可完成

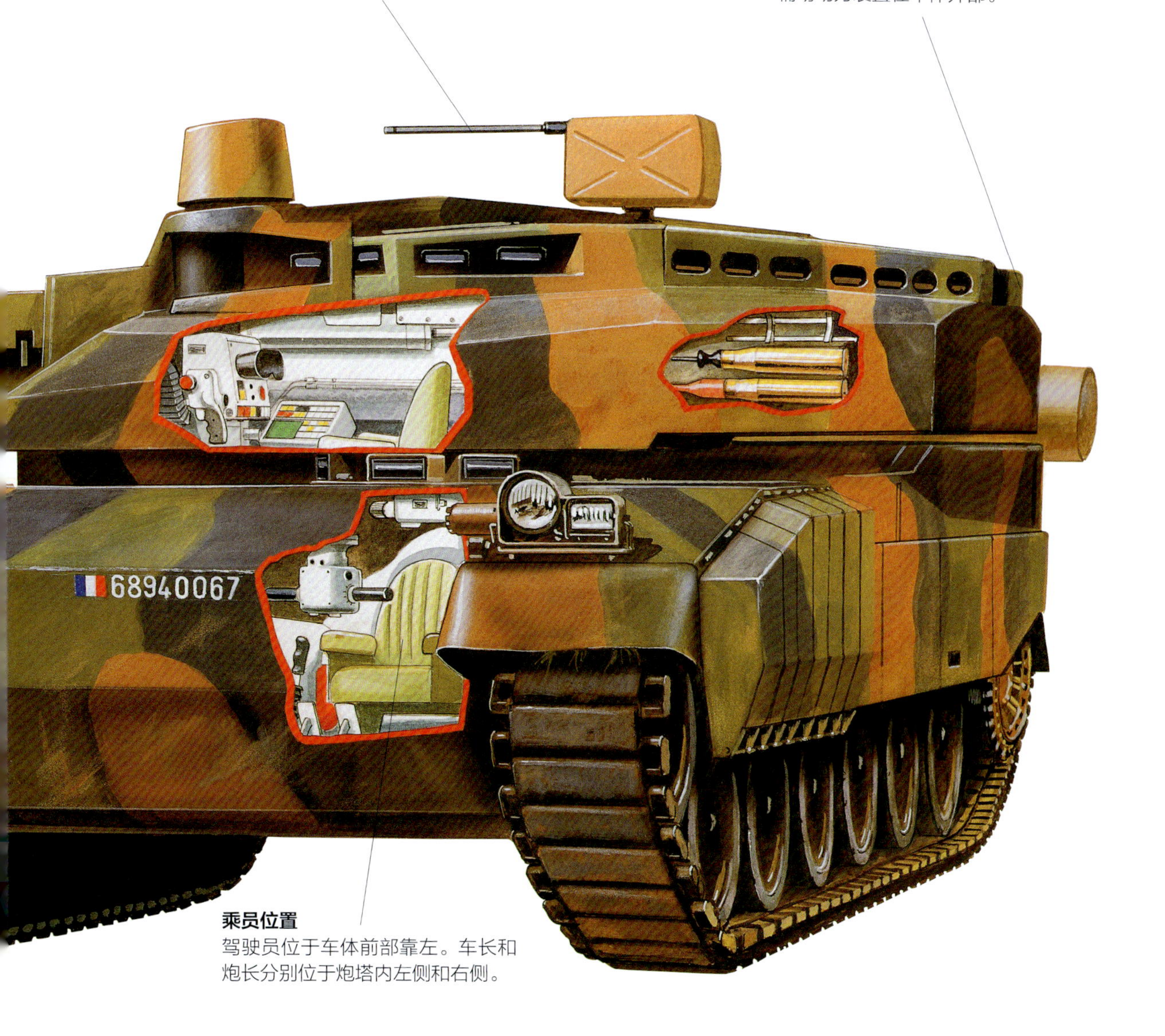

辅助武器
1 挺 12.7 毫米口径 M2HB 机枪与主炮同轴安装在炮塔上，1 挺 7.62 毫米口径机枪安装在炮塔顶部，能有效对抗低空飞行目标。

发动机
SACM V8X-1500 柴油发动机带燃气涡轮增压器。透博梅卡（Turbomeca）公司 TM307B 辅助动力装置在车体外部。

乘员位置
驾驶员位于车体前部靠左。车长和炮长分别位于炮塔内左侧和右侧。

"勒克莱尔"于1991年进入法军服役，2007年停产。

整个发动机的更换。它采用的发动机废气冷却装置能减少车辆的热辐射信号。"勒克莱尔"安装了一对外部油箱，每个容量200升，提高了续驶里程。在防护方面，它安装了由Nexter和Lacroix Tous Artifices公司开发的Galix战车防护系统，包括9个固定在炮塔上的80毫米口径榴弹发射装置，可以发射烟幕弹、破片杀伤弹和红外诱饵弹。KCBM防御设备包括红外干扰装置、导弹和激光报警设备，当车辆被敌方瞄准系统锁定时，能够警告乘员。

技术参数：

尺　　寸：	车长：6.88米 车宽：3.71米 车高：2.46米
重　　量：	51吨
发 动 机：	配有燃气涡轮增压器的12缸SACM V8X-1500柴油发动机，外加透博梅卡公司TM307B辅助动力装置，功率为1120千瓦
速　　度：	70千米/时
武　　器：	主要武器：1门120毫米口径GIAT CN120-26/52型炮 辅助武器：1挺12.7毫米口径同轴机枪；1挺7.62毫米口径安装在炮塔上的机枪
装　　甲：	焊接钢装甲加SXXI复合装甲，AZUR型上加装了爆炸反应装甲
续驶里程：	公路：550千米 越野：350千米
乘 员 数：	3人

"勒克莱尔"安装了3系列SXXI复合装甲，含有钨、钛等成分。"勒克莱尔"AZUR型增强了城市作战的生存能力，装有附加爆炸反应装甲和复合装甲，以及两侧裙板和格栅装甲，以防御火箭弹和其他近程导弹。为发动机设置了额外的装甲防护，以防御"莫洛托夫鸡尾酒"等简易汽油弹。

火力

"勒克莱尔"的主要武器是1门120毫米口径GIAT CN120-26/52型炮，可采用人工手动装填或自动装弹机装填，携带40发炮弹，其中22发放置在自动装弹机的弹舱内，18发储存在车体内。手动装填可以从炮塔内部或外部完成。由于采用了自动装弹机，不需要装填手，因此只需3名乘员。法国工程师考虑到火炮口径升级等问题，决定围绕GIAT CN120-26/52型炮来设计"勒克莱尔"的炮塔。当射速达到12发/分时，该炮的射击精度据说仍能达到95%。该炮配备了自动压缩空气抽气装置和热护套，以减小炮管的弯曲。

目前，该炮只配备法国生产的弹药，但能够

一辆“勒克莱尔”正在沙漠中机动。其动力装置包括一台涡轮增压 12 缸柴油机和一个辅助动力装置。

兼容北约标准弹药。FINDERS 系统（快速信息、导航、决策和报告）提高了“勒克莱尔”的整体性能，可通过彩色显示屏提供全球卫星定位信息，并可标记本车、友车和敌车位置。“勒克莱尔”的数字化火控系统可捕捉 4 千米远处的目标，准确识别距离为在 2.5 千米。Nexter 终端集成系统，被称为 ICONE（符合人体工程学的通信和导航界面），可与上级指挥单位交换数字信息，并重现在数字化地图上。

“勒克莱尔”在海外

“勒克莱尔”至今还未与其他坦克发生过对战，但它曾随联合国部队部署到黎巴嫩和科索沃等地，主要执行维和任务。

热带改装

阿联酋订购的 436 辆“勒克莱尔”为适应热带气候进行了改装。换装了一台 1120 千瓦 MTU883 柴油发动机，匹配 HSWL295TM 自动变速器。其战场管理系统包括 HL-80 指挥瞄准镜等设备，与法国自用型的 HL-70 瞄准镜和 FINDERS 系统类似。通过先进的目标获取系统，“勒克莱尔”的车长和炮长能分别追踪 6 个目标，并以 30 秒的时间间隔分别打击每个目标。

T-90 主战坦克（1992）

T-90 主战坦克是 T-72 主战坦克和 T-80 主战坦克的综合改进型，它于 20 世纪 90 年代初开始生产，此后一直在俄罗斯军队中服役。

尽管新一代主战坦克已经于 2016 年开始装备部队，但俄军仍然装备有大量的 T-90。最初，T-90 实际上是 T-72 和 T-80 的综合改进型。T-72 主要面向出口市场，而 T-80 在 1994 年 12 月到 1996 年 8 月的第一次车臣战争中表现糟糕。

考虑到研发一型全新主战坦克的成本过高，俄罗斯决定在 T-72 的基础上进行升级改进。当时俄罗斯的就业形势十分严峻，生产 T-90 将给

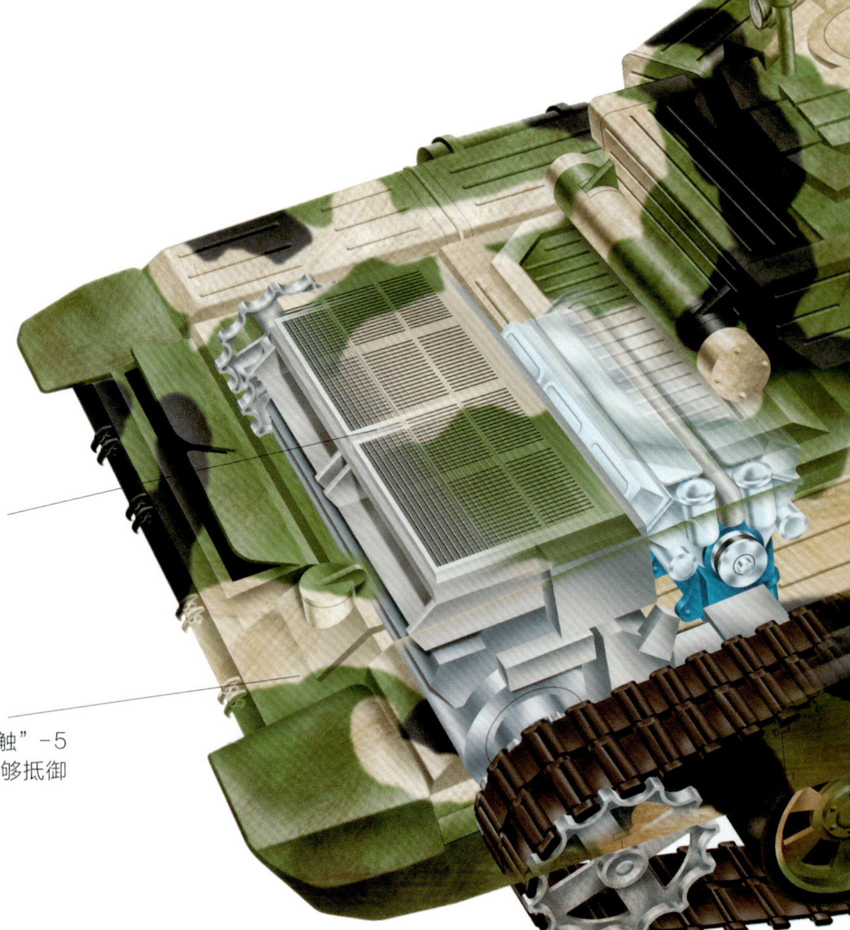

发动机
俄罗斯装甲部队装备的 T-90 坦克采用了 12 缸 V84MS 柴油发动机。而出口型 T-90S 采用的是一台功率为 736 千瓦的 12 缸 V-92S2 发动机。

装甲防护
T-90 安装了“接触”-5 爆炸反应装甲，能够抵御聚能弹药的攻击。

下塔吉尔和鄂木斯克两个城市创造大量制造业岗位。T-72 的最新型号在下塔吉尔制造，而鄂木斯克是 T-80 的故乡。

Kartsev-Venediktov 设计局被指定为主要设计单位，乌拉尔国营坦克制造厂负责生产。T-90 的单台成本最初估计为 150 万英镑，约合 230 万美元。由于原材料成本的上升，据说单台成本已经上涨。

辅助武器
1 挺 12.7 毫米口径机枪安装在炮塔顶部的车长舱门处，还有 1 挺 7.62 毫米口径同轴机枪。
主要武器
T-90 主战坦克沿用了 T-80 的 125 毫米口径 2A46 滑膛炮。该炮能发射“狙击手”炮射导弹，攻击空中和装甲目标。
主动防护
“Shtora”-1，又名“窗帘”系统，包括红外干扰设备、激光报警装置和烟幕弹发射装置。烟幕弹爆炸后形成的烟幕能笼罩坦克，使敌方的激光制导武器丢失目标。

T-90最初是作为一种中短期过渡产品设计的。然而，它在俄罗斯陆军和海军陆战队的服役时间预计将达到30年。

俄罗斯式的革命

T-90继承了苏联坦克的外观风格，采用了椭圆形炮塔，车身低矮，在设计上依然没有考虑乘员的舒适性。T-90安装了自动装弹机，只需3名乘员，一定程度上弥补了其内部空间不足的问题。

按照北约的标准，T-90的炮塔狭窄，不符合人机工程学要求。车长位于炮塔内右侧，炮长位于左侧，驾驶员在车体前部中央位置。每名乘员都配备了热成像和激光测距设备，用来驾驶、获取目标和操作主炮进行准确射击。通常情况下，驾驶员还要承担野外机械师的职能，在战场环境中完成基本维护和修理工作。

T-90的炮塔和车体覆盖着“接触”-5爆炸反应装甲，其砖块形外观很容易辨认。T-90采用了84型V84MS 12缸柴油发动机，最高速度可达60千米/时。

技术参数：

尺　　寸：	车长：9.53米 车宽：3.78米 车高：2.22米
重　　量：	46.5吨
发 动 机：	1台V84MS柴油发动机，功率为626千瓦
速　　度：	60千米/时
武　　器：	主要武器：1门125毫米口径2A46滑膛炮 辅助武器：1挺7.62毫米口径同轴机枪；1挺12.7毫米口径机枪
装　　甲：	钢装甲加“接触”-5爆炸反应装甲，相当于1350毫米厚的均质钢装甲
续驶里程：	550千米
乘 员 数：	3人

沿用过去的火力

T-90沿用了125毫米口径2A46型滑膛炮，能发射多种弹药，包括9M119 AT-11“狙击手”激光制导炮射导弹，能有效对抗空中和装甲目标。辅助武器装备包括1挺12.7毫米口径机枪，安装在靠近车长舱门处，以及1挺7.62毫米口径同轴机枪。

在防护方面，T-90采用了一套先进的主动防御系统，该系统称为“Shtora-1”或者“窗帘”。“窗帘”的组件包括：激光预警传感器，用于提醒车长坦克已被敌方的目标搜索系统锁定；红外干扰设备和气溶胶榴弹，能干扰敌方的观瞄设备。

T-90内部安装了防辐射衬层，配备了三防装置。此外，还安装了扫雷设备，以减少地雷或简易爆炸装置造成的损坏。驾驶员座椅被焊接到车体的顶部，以降低触雷时驾驶员发生脑震荡的可能性。T-90还配备了推土设备，用来挖掘掩体，以迅速隐蔽自己。

印度人的T-90S

作为对巴基斯坦购买T-80的回应，印度购买了一批T-90，这些出口型被命名为T-90S。印度陆军为600多辆T-90S坦克配备了736千瓦12缸V-92S2柴油发动机。比起俄罗斯自用的T-90，T-90S的技术水平和性能都要差一些，因此印度一直在寻求对其进行改进。

T-90的部署

下图中的T-90主战坦克安装了“接触”-5爆炸反应装甲，位于侧裙板上，以增强抵御反坦克武器、地雷和简易爆炸装置（IED）的能力。1999年，第二次车臣战争期间，当车臣武装分子入侵达吉斯坦时，俄罗斯军队动用了T-90。2011年，T-90又参加了俄罗斯与格鲁吉亚的战斗。许多报告表明，T-90坦克经受住了这两次实战的考验，没有暴露出防护性问题。

M1A2“艾布拉姆斯”主战坦克（1996）

由于M1A1主战坦克取得了优异的战绩，美国决定继续对其进行升级改进，进而催生了M1A2。M1A2的观瞄和火控系统都得到了显著增强。

1991年海湾战争期间，M1A1“艾布拉姆斯”展现出巨大的战场优势，这促使美军选择继续对其平台进行改进，而不是耗费巨大资源去开发一种全新的主战坦克。1996年，位于俄亥俄州利马市的通用动力地面系统分公司开始将1000辆M1“艾布拉姆斯”升级到M1A2的标准。这些坦克中大多数当时已服役超过10年。

M1A2自1998年初开始进入美军服役。

辅助武器
1挺12.7毫米口径M2HB重机枪，安装在炮塔上，靠近车长舱门；2挺7.62毫米口径M240机枪，一挺与主炮同轴安装在炮塔内，另一挺安装在装填手舱门处。

主要武器
M1A2采用了M258 L/44型滑膛炮。

顶级技术

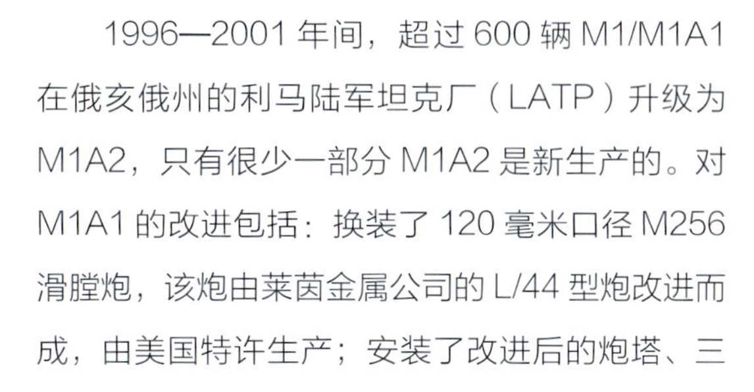

1996—2001 年间，超过 600 辆 M1/M1A1 在俄亥俄州的利马陆军坦克厂（LATP）升级为 M1A2，只有很少一部分 M1A2 是新生产的。对 M1A1 的改进包括：换装了 120 毫米口径 M256 滑膛炮，该炮由莱茵金属公司的 L/44 型炮改进而成，由美国特许生产；安装了改进后的炮塔、三

发动机
AGT 1500 燃气轮机已经停产，其替代品 LV100-5 燃气轮机已经研制成功，其运转噪声比大多数柴油机还低。

装甲防护
采用了第三代复合装甲，该装甲在早期乔巴姆装甲的基础上加入了贫铀装甲，防护能力相当于 960 毫米均质钢装甲。

目标捕捉
M1A2 安装了 FLR（红外前视）瞄准设备，以替代老式的热成像仪。

M1A2 是在经过实战检验的 M1A1 的基础上升级改进而成的。

技术参数：

尺　　寸：	车长：9.83 米 车宽：3.66 米 车高：2.37 米
重　　量：	61 吨
发 动 机：	1 台莱康明公司的 AGT 1500 燃气轮机，功率为 1118 千瓦
速　　度：	公路：67.6 千米 / 时 越野：54.7 千米 / 时
武　　器：	主要武器：1 门 120 毫米口径 L/44 M256 滑膛炮 辅助武器：2 挺 7.62 毫米口径 M240 机枪；1 挺 12.7 毫米口径 M2HB 机枪
装　　甲：	复合装甲，估计相当于 960 毫米厚均质钢装甲
续驶里程：	426 千米
乘 员 数：	4 人

防装置以及承载能力更强的悬架和更好的装甲。这些改进使得 M1A2 的性能相对 M1A1 大幅提高。

M1A2 配备了车长独立热成像仪、炮长热成像瞄准镜以及性能更好的导航和全球定位设备。同时，为驾驶员配备了热成像仪和综合集成显示系统，一个带热成像仪和数字化彩色地形地图显示器的综合武器站。

美国军方一直将坦克乘员的生存能力和“先发制人”能力作为研发优先事项。因此，在 M1A2 的各项改进措施中，最重要的是安装了雷神公司的两轴 GPS-LOS 主瞄准镜，用以替换 M1A1 上的单轴瞄准镜，从而显著提高了首发命中率。2001 年 2 月，通用动力地面系统分公司开始履行与美国军方在 20 世纪 90 年代末签订的合同。到 2004 年，共计有 240 辆 M1A2 升级到 SEP（系统增强组件）标准安装了美陆军 21 世纪部队旅及旅以下作战指挥系统（FBCB2），该系统是数字化战场指挥信息系统，可以连接无线设备，允许己方坦克之间共享战场信息，协同作战。

M1A2SEP 的其他改进包括：采用了数据处理速度更快的全彩地图显示器和温度管理系统，该系统能将车内温度维持在 35 摄氏度以下，以降低灵敏设备过热的风险；带装甲防护的辅助电源装置和第二代前视红外瞄准镜。2006 年，DRS 技术公司获得了为美国海军陆战队装备的 M1A1 安装火力增强组件（FEP）的合同，组件包括性能更好的激光测距设备、精密轻巧的全球卫星定位系统接收器和作用距离达 8 千米的远程目标定位装置（Far Target Locating, FTL）。

美军曾对用身管较长的莱茵金属公司 L/55 型炮取代 L/44 型炮的计划进行评估，但最终没有实施。L/44 配有双向稳定器，能实现行进间射击，可发射多种弹药，其中包括穿甲能力极强的贫铀穿甲弹。L/55 已被欧洲国家大量采用，发射钨芯穿甲弹。AGT 1500 燃气轮机已经在“艾布拉姆斯”系列主战坦克上使用了几十年，今后它可能被 LV-100-5 燃气轮机取代，该燃气轮机由霍尼韦尔和通用电气联合开发。

TUSK（坦克城市生存组件）

TUSK（坦克城市生存组件）可以在野战条件下安装到 M1A2 上，无需到维修站安装。TUSK 聚焦城市作战，例如在狭窄的街道上和建筑物之间作战，其组件包括：在车体侧面安装格栅装甲，以抵御火箭弹的攻击；在侧裙板上安装性能更好的爆炸反应装甲和装甲板，以保护负重轮和悬架，抵御地雷和简易爆炸装置（IED）；为装填手的 7.62 毫米口径机枪配备了热成像瞄准镜，车长能在炮塔内部遥控 12.7 毫米口径机枪；安装了一部外部电话，可以让坦克乘员与支援的步兵进行有效沟通。

前进，M1A2坦克

图中的这辆 M1A2 主战坦克正在进行训练，行驶在一条土路上。在 2003 年“自由伊拉克”行动期间，M1A2 展示了自己的超强火力、装甲防护和机动性。在夺取巴格达和纳西里耶的战役中，无论是在沙漠战还是巷战中，M1A2 一直充当着急先锋。美军通过对“艾布拉姆斯”系列坦克进行的一系列升级改进，使其服役年限延长了数十年，预计可达 2050 年左右。

“挑战者”2 主战坦克（1998）

“挑战者”2 主战坦克尽管保留了“挑战者”之名，但与“挑战者”1 仅有百分之五的零部件能通用，因此它实际上是一种全新设计的坦克。

“挑战者”2 相对“挑战者”1 有超过 150 多项改进，它是当今世界最优秀的主战坦克之一。尽管还保留着“挑战者”的名称，但“挑战者”2 相对“挑战者”1 已经有了脱胎换骨般的变化。

“挑战者”2 仅保留了“挑战者”1 上大约百分之五的设计，其中大部分是底盘零部件。1986 年，维克斯防务系统公司启动了新型主战坦克研发项目，以取代“挑战者”1。在此过程中，维克斯与阿尔维斯公司合并。随后，阿尔维斯 - 维克斯公司重组为 BAE 系统公司，于是，新型主战坦克的研发项目转由 BAE 的地面系统分部继续推进。因此，“挑战者”2 成为第二次世界大战以来，第一型由单一承包商为英国陆军设计、开发和生产的坦克。

“挑战者”2 主战坦克于 1998 年开始进入英国陆军服役，曾部署到巴尔干和中东等热点地区，具有广泛的战场适应能力。

辅助武器
1 挺 7.62 毫米口径休斯 L94A EX-34 链式机枪，与主炮同轴安装在炮塔上，安装在装填手舱口处的 1 挺 7.62 毫米口径 L37A2 GPMG 机枪，提供了辅助火力，以应对敌方步兵和低空目标。

主要武器
“挑战者”2 的主要武器是 1 门由皇家军械厂生产的口径为 120 毫米的 L30A1 线膛炮。

装甲防护
由陶瓷和钢构成的乔巴姆 - 多切斯特二级复合装甲，为“挑战者”2 的乘员提供了绝佳的防护。装甲的厚度和具体成分目前还是高度机密。

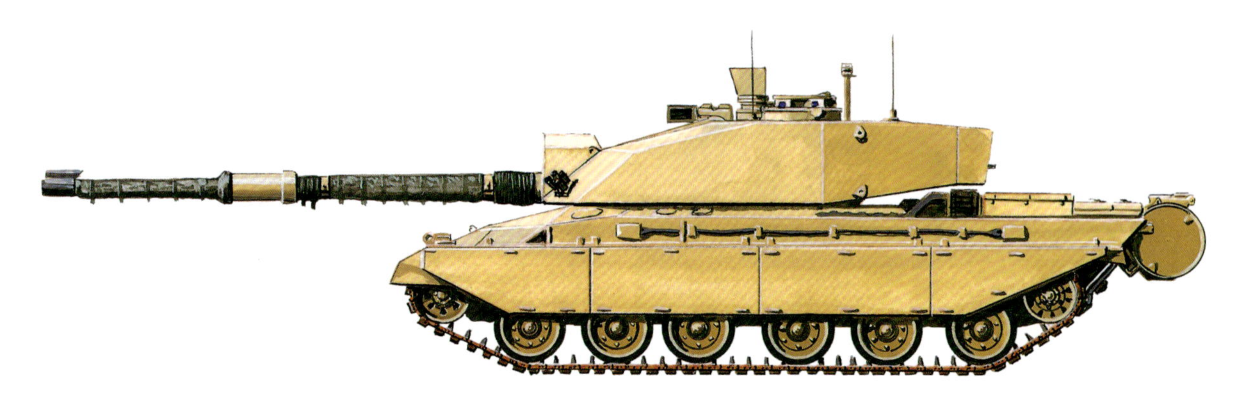

“挑战者”2 集超强火力、机动性和防护性于一身，是当今最先进的主战坦克之一，它曾部署到伊拉克、波黑和科索沃。

“挑战者”的变化

“挑战者”2 的布局与早期英国坦克类似，发动机位于后部，战斗室在中央，驾驶员位于车体前部。车长在炮塔内，位于主炮右侧，其左侧是装填手，车长前下方是炮长。设计师放弃了为“挑战者”2 换装自动装填系统的设想，仍然采用人工装填方式，以避免发生机械故障导致无法装填。

“挑战者”2 的主要武器是一门由皇家军械厂生产的 120 毫米口径 L30A1 线膛炮。该炮采用了电渣重熔钢和膛内镀铬工艺，配有热护套，以延长炮管使用寿命，并减小发热翘曲程度，此外还配有抽烟装置。火控系统由加拿大计算机设备公司生产，配有稳定器，能实现行进间射击。“挑战者”2 采用电控炮塔，能独立于车体进行 360 度旋转，其主炮也由电动机驱动，而非液压系统，因为液压系统在战斗中容易受损。

由泰利斯公司制造的 TOGS II（热成像仪和火炮瞄准镜）为“挑战者”2 提供了热成像和夜视能力。车长和炮长都能通过各自的瞄准镜和监视器看到相关影像。驾驶员在夜间利用泰利斯公司的光电潜望镜观察路况，还配备了热成像后视摄像头。在车长位置还装有 8 具潜望镜提供了全向视野，此外还安装了一个带激光测距仪的全景式 SAGEM VS580-10 陀螺稳定瞄准镜，用于调整主炮姿态。

在 CLIP（“挑战者”杀伤力改善计划）项目下，经英国国防部授权，英国军方开始对用于替换 L30A1 的新型主炮进行测试。测试于 2006 年

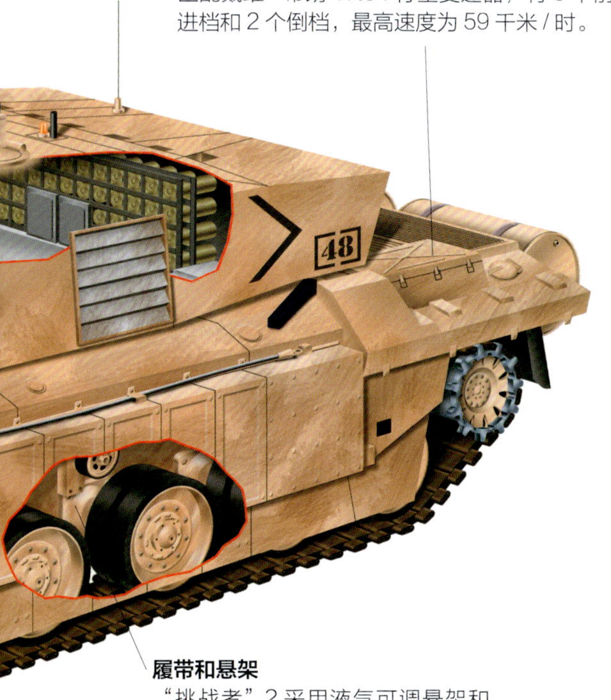

发动机
动力装置为 1 台 12 缸 CV-12 柴油发动机，匹配戴维 -布朗 TN54 行星变速器，有 6 个前进档和 2 个倒档，最高速度为 59 千米 / 时。
48
履带和悬架
“挑战者”2 采用液气可调悬架和威廉 · 克拉克防务公司的液压调节双销履带，拥有良好的机动性。

技术参数：

尺　　寸：	车长：8.3 米 车宽：3.5 米 车高：2.5 米
重　　量：	62.5 吨
发 动 机：	1 台帕金斯 -卡特彼勒 CV-12 柴油发动机，功率为 890 千瓦
速　　度：	公路：59 千米 / 时 越野：60 千米 / 时
武　　器：	主要武器：1 门 120 毫米口径 L30A1 线膛炮 辅助武器：1 挺 7.62 毫米口径 LA94A EX-34 链式机枪；1 挺 7.62 毫米口径 L37A2 GPMG 机枪
装　　甲：	第二代乔巴姆复合装甲，成分为机密
续驶里程：	450 千米
乘 员 数：	4 人

完成，一些“挑战者”2 的主炮已经更换为莱茵金属公司生产的 120 毫米口径 L/55 滑膛炮，该炮也装备在德国的“豹”2A6 上。“挑战者”2 的辅助武器包括 1 挺 7.62 毫米口径休斯 L94A EX-34 链式机枪，与主炮同轴安装在炮塔上，以及安装在装填手舱口处的 1 挺 7.62 毫米口径 L37A2 GPMG 机枪。

机动和防护

“挑战者”2 在机动和防护性方面的改进包括：采用了可降低红外特征的隐形技术；安装了防通信干扰设备；采用了改进型乔巴姆 -多切斯特二级复合装甲，由钢和陶瓷构成，为乘员提供了出色的防护，实际厚度仍属于高度机密；安装了三防装置；安装了 10 具 L8 型烟幕弹发射装置，位于炮塔两侧。有趣的是，“挑战者”2 的发动机能将柴油喷射到排气歧管中，从而制造烟幕。

“挑战者”2 采用了性能可靠的珀金斯 -卡特彼勒 12 缸 CV-12 柴油发动机，最高速度可达 59 千米 / 时。“挑战者”2E 用于出口，搭载横置的 MTU883 柴油机和 HSWL295TM 自动变速器。由威廉 · 克拉克防务公司设计的液压调节双销履带在野外很容易维护，并采用了液气可调悬架，拥有极好的越野性能，能通过各种地形。

“挑战者”2 坦克采用了可降低红外特征的隐形技术。

可靠的战斗性能

除英国陆军外，阿曼的装甲部队也装备了“挑战者”2 主战坦克。希腊、卡塔尔和沙特阿拉伯等国的陆军曾对其进行了全面的测试。在“伊拉克自由”行动中，“挑战者”2 取得了优异的战绩。在伊拉克，仅有 1 辆“挑战者”2 被击毁，还是另一辆“挑战者”误击造成的。另有 2 辆“挑战者”被简易爆炸装置和火箭弹击伤。战后的报告表明，“挑战者”2 在被多发火箭弹和一枚反坦克导弹击中后，仅受到轻微损伤。